U0174750

人工智能与智能教育丛书　　袁振国/主编

闫寒冰　单俊豪　著

ROBOTS APPLIED
IN EDUCATION
CIRCUMSTANCES

教育机器人

教育科学出版社
·北京·

出 版 人 李 东
责任编辑 张玉荣
版式设计 私书坊 沈晓萌
责任校对 马明辉
责任印制 叶小峰

图书在版编目（CIP）数据

教育机器人／闫寒冰，单俊豪著. — 北京：教育
科学出版社，2022.1
（人工智能与智能教育丛书／袁振国主编）
ISBN 978-7-5191-2958-3

Ⅰ.①教… Ⅱ.①闫… ②单… Ⅲ.①智能机器人
Ⅳ.①TP242.6

中国版本图书馆CIP数据核字（2022）第011268号

人工智能与智能教育丛书
教育机器人
JIAOYU JIQIREN

出 版 发 行	教育科学出版社				
社　　　址	北京·朝阳区安慧北里安园甲9号		邮　　编	100101	
总编室电话	010-64981290		编辑部电话	010-64989421	
出版部电话	010-64989487		市场部电话	010-64989009	
传　　　真	010-64891796		网　　址	http://www.esph.com.cn	
经　　　销	各地新华书店				
制　　　作	北京思瑞博企业策划有限公司				
印　　　刷	北京联合互通彩色印刷有限公司				
开　　　本	720毫米×1020毫米　1/16		版　　次	2022年1月第1版	
印　　　张	10		印　　次	2022年1月第1次印刷	
字　　　数	87千		定　　价	60.00元	

图书出现印装质量问题，本社负责调换。

丛书序言

人类已经进入智能时代。以互联网、大数据、云计算、区块链特别是人工智能为代表的新技术、新方法，正深刻改变着人类的生产方式、通信方式、交往方式和生活方式，也深刻改变着人类的教育方式、学习方式。

人类第三次教育大变革即将到来

3000 年前，学校诞生，这是人类第一次教育大变革。人类开启了有目的、有计划、有组织的文明传递历史进程，知识被有效地组织起来，文明进程大大提速。但能够接受学校教育的人数在很长时间里只占总人口数的几百分之一甚至几千分之一，古代学校教育是极为小众的精英教育。

300 年前，工业革命到来。工业化生产向每个进入社会生产过程的人提出了掌握现代科学知识的要求，也为提供这种知识的教育创造了条件，这导致以班级授课制为基础的现代教育制度诞生。这是人类第二次教育大变革。班级授课制极大地提高了教育效率，使得大规模、大众化教育得以实现。但是，这种教育也让人类付出了沉重的代价，人类教育从此走上了标准化、统一化、单一化道路，答案标准、节奏统一、内容单一，极大地限制了人的个性化和自由性发展。尽管几百年来人们进行了各种努力，力图通过学分制、选修制、弹性授课制等多种方式缓解和抵消标准化班级授课制带来的弊端，但总的说来只是杯水车薪，收效甚微。

今天，网络化、数字化特别是智能化，为实现大规模个性化教育提供了可能，为人类第三次教育大变革创造了条件。

人工智能助力实现教育个性化的关键是智适应学习技术，它通过构建揭示学科知识内在关系的知识图谱，测量和诊断学习者的已有水平，跟踪学习者的学习过程，收集和分析学习者的学习数据，形成个性化的学习画像，为学习者提供个性化的学习方案，推送最合适的学习资源和学习路径。在反复测量、推送、跟踪学习、反馈的过程中，把握学习者的最近发展区①，为每个人提供最适合的学习内容和学习方式，激发学习者的学习兴趣和学习热情，使学习者获得成就感、增强自信心。

智能教育将是未来十年人工智能发展的"风口"

人工智能正在加速发展。从人工智能概念的提出，到

---

① 最近发展区理论是由苏联教育家维果茨基（Lev Vygotsky）提出的儿童教育发展观。他认为学生的发展有两种水平：一种是学生的现有水平，指独立活动时所能达到的解决问题的水平；另一种是学生可能的发展水平，也就是通过教学所获得的潜力。两者之间的差异就是最近发展区。教学应着眼于学生的最近发展区，为学生提供带有难度的内容，调动学生的积极性，使其发挥潜能，超越最近发展区而达到下一发展阶段的水平。

人工智能的大规模运用，花费了 50 年的时间。而从深蓝（Deep Blue）到阿尔法狗（AlphaGo），再到阿尔法虎（AlphaFold），人工智能实现三步跨越只用了 22 年时间。

1997 年 5 月，IBM 的电脑深蓝在一场著名的人机对弈中首次击败了国际象棋大师加里·卡斯帕罗夫（Garry Kasparov），证明了人工智能在某些情况下有不弱于人脑的表现。深蓝的主要工作原理是用穷举法，列举所有可能的象棋走法，并利用为加速搜索过程专门设计的"象棋芯片"，采用并行搜索策略进一步加速，在搜索广度和速度上战胜了人类。

2016 年 3 月，谷歌机器人阿尔法狗第一次击败职业围棋高手李世石。阿尔法狗的主要工作原理是"深度学习"。深度学习（deep learning）是一种复杂的机器学习算法，它试图模仿人脑的神经网络建立一个类似的学习策略，进行多层的人工神经网络和网络参数的训练。上一层神经网络会把大量矩阵数字作为输入，通过非线性加权和激活函数运算，输出另一个数据集合，该集合作为下一层神经网络的输入，反复迭代构成一个"深度"的神经网络结构。深度学习本质上是通过大数据训练出来的智能，其最终目标是让机器能够像人一样具有分析学习能力，能够识别文字、图像和声音等数据。

2019 年谷歌的阿尔法虎可以仅根据基因"代码"来预测生成蛋白质 3D 形状。蛋白质是生命存在的基础，和细胞组成内容息息相关。蛋白质的功能取决于它的 3D 结构，通过把基因序列转化为氨基酸序列，绘制出蛋白质最终的形状，是科学家一直在研究和探讨的前沿科学问题。一旦研究得出结果，将帮助我们解开生命的奥秘。阿尔法虎的工作原理是使用数千个已知的蛋白质来训练一个深度神经网络，利用该神经网络来预测未知蛋白质结构的一些关键参数，如氨基酸对之间的距离、连接这些氨基酸的化学键及它们之间的角度等，从而发现蛋白质的 3D 结构。

深蓝是经典人工智能的一次巅峰表演，通过算法与硬件的最佳结合，将传统人工智能方法发挥到极致；阿尔法狗是新兴的深度学习技术最具成就的一次展示，是人工智能技术的一次质的飞跃；阿尔法虎则是新兴深度学习技术在应用上的一次突破，超乎想象地完成了人难以完成的蛋白质结构学习这个生命科学领域的前沿问题。从深蓝到阿尔法狗用了近 20 年时间，从阿尔法狗到阿尔法虎只用了 3 年时间。人工智能技术更新迭代的速度越来越快，人工智能应用场景也从棋类等高级智力游戏向生物医学等科学前沿转变，这将从方方面面影响甚至改变人类生活。随着人工智能从感知智能向认知智能发展，从数据驱动向知识与数据联合驱动跃进，人工智能的可信度、可解释性不断提高，应用的广度和深度无疑将会得到难以想象的拓展。

教育是人工智能应用的最重要和最激动人心的场景之一，正在成为人工智能的下一个"风口"。国家主席习近平向 2019 年在北京召开的国际人工智能与教育大会所致贺信中指出："中国高度重视人工智能对教育的深刻影响，积极推动人工智能和教育深度融合，促进教育变革创新，充分发挥人工智能优势，加快发展伴随每个人一生的教育、平等面向每个人的教育、适合每个人的教育、更加开放灵活的教育。"同年10月，中国共产党第十九届四中全会通过了《中共中央关于坚持和完善中国特色社会主义制度推进国家治理体系和治理能力现代化若干重大问题的决定》，明确提出在构建服务全民终身学习的教育体系中，应发挥网络教育和人工智能优势，创新教育和学习方式，加快发展面向每个人、适合每个人、更加开放灵活的教育体系。把握历史机遇，抢占人工智能高地，引领人类第三次教育变革，时不我待。

智能教育前景无限、任重道远

人工智能在教育场景的应用，与工业、金融、通信、交通等场景不同，与医疗、司法、娱乐等场景也有显著的不同，它作用的对象是人，是人的思想、感情、人格，因而不仅仅要提高效率、赋能教育，更要关注教育的特殊性，重塑教育。但到目前为止，人工智能在教育中的运用尚停留于教育的传统场景，是以技术为中心，是对现有教育效能的强化，对现有教育效率的提高。至于现有教育效能是否需要强化，现有教育效率是否需要提高，尚缺乏思考，更缺少技术应对。我把目前这种状态称为"人工智能＋教育"。而我们更需要的是基于促进人的发展的需要的智能教育，是以人的发展为中心，以遵循教育规律为旨归，它不仅赋能教育，更是重塑教育，是创设新的教育场景，促进教育的变革，促进人的自由的、自主的、有个性的发展，我把它称为"教育＋人工智能"。

智适应学习的研究和运用目前也尚处于知识教学的层面，与全面育人的理念和教育功能相差甚远。从知识学习拓展到能力养成、情感价值熏陶，是更大的目标和更大的挑战。研发 3D 智适应学习系统，即通过知识图谱、认知图谱、情感图谱的整体开发，实现知识、能力、情感态度教育的一体化，提供有温度的智能教育个性化学习服务。促进学习者快学、乐学、会学，促进学习者成长、成功、成才，是"教育＋人工智能"的出发点，也是华东师范大学上海智能教育研究院的追求目标。

培养智能素养，实现人机协同

人工智能不仅正进入各行各业，深刻改变所有行业的面貌，而且影响到我们每个人的生活；不仅为智能教育的发展创造了条件，也提出了提高教师运用智能教育技术改进教学方式的能力的要求，提出了提高全民智能素养的要求。关键的一点是学会人机协同。在智能时代，能否人机互动、人机协同，直接关系到一个人的工作效能，关系到学生学习、教师教学的效能和价值，也关系到每个人的生活能力和生活质量。对全体国民来说，提高智能素养，了解人工智能的基本原理、功能和产品使用，就如同工业革命到来以后，了解现代科学的知识一样，已成为每个公民的必备能力和基本素养。为此，我们组织编写了这套"人工智能与智能教育丛书"。

本丛书聚焦人工智能关键技术和方法，及其在教育场景应用的潜在机会与挑战，提出智能教育的未来发展路径。

为了编写这套丛书，我们组建了多学科交叉的研究团队，吸纳了计算机科学、软件工程、数据科学、心理科学、脑科学与教育科学学者共同参与和紧密结合，以人工智能关键技术为牵引，以教育场景应用为落脚点，力图系统解读人工智能关键技术的发展历史、理论基础、技术进展、伦理道德、运用场景等，分析在教育场景中的应用形式和价值。

本丛书定位于高水平科学普及，人人需看；秉持基础性、可靠性、生动性，从读者立场出发，理论联系实际，技术结合场景，力图通俗易懂、生动活泼，通过故事、案例的讲述，深入浅出、图文并茂地讲清原理、技术、应用和前景，希望人人爱看。

组织和参与这样一个跨越多学科的工程，对我们来说还是第一次尝试，由于经验和能力有限，从丛书整体策划到每一分册的写作，一定都存在许多不足甚至错误，诚恳希望读者、专家提出批评和改进建议。我们将不断更新迭代，使之不断完善。

华东师范大学上海智能教育研究院院长　袁振国

2021 年 5 月

本书序言

　　机器人是信息时代的标志性产物，人工智能赋予了机器人新的功能和使命，机器人以其拟人化的特性，为用户带来了服务到位、功能多元的体验。随着人工智能在教育领域的深度应用，教育机器人的发展浪潮正在向我们袭来。教育机器人是智能机器人在教育领域应用的产物，其核心目的是全方位服务学生的日常学习与业余生活。学生个性化学习需求的日益增加带来了教育机器人功能的多元化发展，很多学生都会经常用到教育机器人。他们的学习与生活正在被教育机器人改变着，教育机器人也将伴随新生代成长。当然，很多人对教育机器人的认知并不多，少部分抵触教育技术价值的人甚至会对教育机器人的应用嗤之以鼻。作为教育领域的研究者，辩证地思考教育技术问题是一种素养，更是一种格局。这本书以客观、公正的立场描绘了教育机器人的发展、功能原理、应用场景和未来展望，期待为广大读者描绘一幅关于教育机器人的全景画面。

　　第一，本书为读者讲述了机器人的起源与发展。具体而言，我们从机器人的身世揭秘、机器人的雏形介绍、常见机器人的分类以及机器人从半自动化到人工智能化的"破茧成蝶"之路几个方面，介绍了机器人的发展史。其中教育机器人是一种典型的服务型机器人，旨在为人类学习生活带来优质服务和体验。通过阅读这部分内容，相信读者能更加深入地认识机器人的样子，从而对机器人对人类社会的作用有更加深刻的认知。更重要的是，读者也将进一步了解教育机器人在机器人大家庭中的重要地位，也更加明晰教育机器人在教育领域应用的必要性。

第二，本书以教育机器人发展的峥嵘岁月为讨论话题，重点阐述了教育机器人的定义以及教育机器人的发展历程。更为重要的是，本书在第二章详细介绍了教育机器人的育人目标，解读了教育机器人在学生创新能力、动手操作能力以及合作交流能力培养等方面的独特价值。同时，本书也从读者的视角出发，对大家耳熟能详的一些教育机器人案例进行了介绍，拉近了与广大读者的距离。

第三，本书作为一本科普性读物，为读者介绍了教育机器人的功能定位、内部构造和设计原理。本书先是为读者介绍了教育机器人的两种用途——作为教育场景的助学工具和一些学科的学习对象。之后，本书介绍了教育机器人的核心组成部件，包括硬件结构、中央处理器、操作系统、APP 等。本书也按照机器人软件控制的灵活性和硬件组装的灵活性，将教育机器人分为六类，并为读者讲解了每类教育机器人的典型案例。作为人工智能时代的产物，教育机器人的"身体"内蕴含着诸多人工智能的技术元素。本书也将人工智能技术的设计原理融入教育机器人典型案例的讲解中，以例释理，让读者在了解教育机器人的分类后，对人工智能的基本原理有所了解。

第四，本书在广泛搜集与整理国际上教育机器人的应用案例后，归纳了教育机器人的五大用途，并将教育机器人分为"编程支持的创客型机器人""寓教于乐的玩具型机器人""能提供陪伴的同伴型机器人""能担任智能助教的辅学型机器人""面向特殊群体的机器人""能独立教学的仿人机器人"。本书也选取了典型案例，让读者理解每种机器人在不同教育领域独特的价值与魅力。

第五，本书以辩证的态度审视了教育机器人在教育领域应用的价值、发展壁垒和潜在风险，谱写了机器人教育的"冰与火之歌"。此外，本书在最后一章试图探讨三个热点话题：一是教育机器人是否可以替代教师；二是在人工智能时代，教育到底要培养什么样的人；三是在人工智能时代，教师如何拥抱教育机器人。为了准确把握教育机器人的发展方向，本书作者团队很荣幸地邀请了国内教育学领域的资深专家对这些问题进行了深入讨论。相信这些专家的观点会带给读者更多启发。针对第二个问题，本书详细介绍了不同国家和国际组织近些年提出的育人目标，试图为读者理解人工智能时代的育人目标提供多元视角。针对第三个问题，本书邀请了教师和家长代表，对这个问题发表看法。

本书从构思到最终成文，经历了规范的研究过程，具体包括文献梳理、案例分析、专家访谈。诸多教育技术领域的专家学者的智慧共同浇筑出这本《教育机器人》。在本书撰写过程中，本人主要负责书稿框架搭建、核心内容撰写与修订以及定稿等工作。单俊豪主要负责书稿第三章内容的撰写、核心内容的修订以及书稿规范性把关等工作。参与撰写本书的包括华东师范大学教育信息技术学系沈聪、苗冬玲、汪维富和王巍。他们分别撰写了第一章、第二章、第四章和第五章的初稿，并积极参与专家访谈。

在人工智能时代，教育机器人将朝着功能系统化和服务个性化的趋势大步前进。作为教育技术学领域的研究者，我相信教育机器人在辅助育人方面有着不可替代的作用。身处这个时代，我们都无法避免和人工智能打交道。我们要做的，是思考如何亲切地拥抱人工智能，拥抱教育机器人。未来已来，但教育机器人的发展之路还有待不断开辟。我始终坚信，我们的学生可以与教育机器人和谐相处，到那时，教育将迎来智能与人性和谐共生的崭新未来。

华东师范大学　闫寒冰

2021 年 9 月

目　　录

一 机器人的"前世今生"：起源与发展　_1

历史长河中的机器人　_3

机器人世界面面观　_9

机器人的"破茧成蝶"之路　_24

二 "知人识面"：教育机器人的发展　_29

迎接横空出世的教育机器人　_31

走进教育机器人"名人堂"　_36

三 "洞若观火"：教育机器人的设计原理　_45

教育机器人的"十八般武艺"　_47

教育机器人的内部结构　_49

走近教育机器人的"内芯"　_54

四 "落地生根"：教育机器人的应用场景　_69

教育机器人的应用价值　_72

教育机器人的应用分类　_73

教育机器人的应用场景之"72变"　_76

教育机器人的应用趋势　_87

五 "知来藏往"：展望教育机器人的未来 _91

机器人教育的"冰与火之歌" _93

教育机器人是否会取代教师？ _99

人工智能时代，教育要培养什么样的人？ _115

人工智能时代，教师如何迎接教育机器人？ _123

教育机器人漫话 _126

参考文献 _137

一　机器人的"前世今生"：起源与发展

历史长河中的机器人

"机器人"是什么？其最早是何时出现的？早期的"机器人"又是什么样子的？本部分我们将带你在历史长河中遨游，揭秘"机器人"的"前世今生"！

前人对机器人的想象

1920年，捷克作家卡雷尔·卡佩克（Karel Capek）写出了剧本《罗萨姆的万能机器人》（图1-1）。在该剧本中，机器人起初只会按照人类的指令默默工作，没有知觉和感情，是像"奴隶"一样的生产工具，以呆板、重复的方式无休止地进行繁重而无聊的劳动。后来，随着罗萨姆

图 1-1　话剧《罗萨姆的万能机器人》剧照（张昕妍，2016）[10]

（Rossum）公司的不断发展，机器人在更新换代的过程中拥有了感情。这一"革命性"的突破使工厂、家庭等对机器人的需求量出现了爆发式增长。很快，机器人就几乎遍布了人类生活的每个角落。与此同时，机器人感受到了人类的自私、不公正，与人类之间的矛盾不断激化，决定反抗人类。由于机器人在体能和智能方面都具有十足的优势，于是它们很快就将人类消灭得所剩无几。但是，由于人类在消亡之前将记载机器人制作、生产方法的文件都毁掉了，机器人很快就意识到如果没有人类帮助它们，它们就无法生产自己，将很快走向灭绝。于是机器人开始寻找幸存的人，并要求他们继续制造机器人，但终究无果。在这个剧本的结尾，一对感知能力优于其他机器人的男女机器人相爱了。最终机器人进化为人类，世界又恢复了生机。

　　这部剧当时凭借新颖的题材和发人深省的剧情，引起了巨大的反响。而剧本中的"Robot"一词——这个词是经剧本作者卡佩克改写而来，词根是具有"奴隶、被强迫劳动"等含义的捷克语中的单词"Robota"——一直被沿用至今，其也被公认为是"机器人"一词的源头（郑艳梅，2016）。

机器人的雏形

其实，早在"机器人"一词被发明之前，各式各样的机器人雏形已经诞生于不同的文明之中。它们服务于人，给人们的生产生活带来便利。古代中国最早的机器人雏形可以追溯到后汉时期著名的"木牛流马"。据文献记载，"木牛流马"是诸葛亮发明的，主要用于在行军过程中运输粮草。

在国外，最早的"机器人"可以追溯到公元前16世纪时一种叫作"水钟"（又称"漏壶"，见图1-2）的自动机械装置。在该装置中加满水后，水会均匀地从某处流出，人们可以通过容器中流走的水和剩余的水来判断时间的流逝。这类装置受到古代祭司的青睐。因为在古代，西方人通常夜晚在神庙内举行宗教仪式，祭司通过水钟可以了解时间，

图1-2 水钟（Schomberg，2015）

以免在场的人错过"神圣"的时刻。

1495年，列奥纳多·达·芬奇（Leonardo da Vinci）发明了一个骑士外形的"机器人"（以下简称机器骑士，见图1-3）。通过一些装置，机器骑士可以完成坐下、站立、摆动双手、摇头、张嘴等动作，它被认为是人类历史上第一个仿人型机器人。

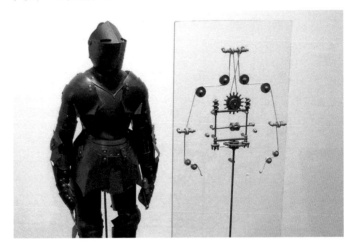

图1-3　机器骑士（Clair，2020）

进入17世纪，人们开始将钟表中的自动装置技术运用到"机器人"的发明中，其中最具有代表性的是1662年竹田近江采用鲸鱼胡须和木质齿轮制作的"端茶机器玩偶"（见图1-4）。只要将茶杯放在该机器玩偶双手端着的茶盘上，它就会晃着脑袋，慢慢挪动双脚，走到客人面前。当客人端起茶杯，该机器玩偶就停止前进，客人喝完茶将茶杯再次放在茶盘上时，它就会返回原处。这种由发条结构驱动的机器玩偶，在日本的整个江户时代可以说都非常盛行。

图1-4　端茶的机器玩偶（佐藤成美，2012）

1738年，法国钟表匠鲍·康逊（Bou Karson）同样通过齿轮传动技术发明了震惊世界的"机器鸭"（见图1-5）。该"机器鸭"不仅可以在人的操控下扇翅、鸣叫、坐立，甚至可以完成进食等动作。人们激动地开始想象机器人是否也可以像生物一样被赋予生命，而"机器鸭"也因为仿佛拥有生命，名字传遍了法国的大街小巷。直到许多年后，

图1-5　机器鸭（Riskin，2016）

"机器鸭"的秘密才被揭开。原来它吃进去的食物被储存在体内的一个容器中，食物在其体内短暂停留后，它会根据计时装置的指挥，将食物从尾部排出体外。尽管"机器鸭"并非真的拥有生命，但它无疑拓展了人们对机器人的想象空间。

18世纪70年代，瑞士的一位钟表匠和他的儿子发明了由发条驱动的"作家机器人"（见图1-6）。"作家机器人"看起来像一个3岁的男孩，当它的发条被上紧后，它就会抬起右臂，用笔在桌子上的白纸上写出预先设定的40个字母以内的语句。"作家机器人"的体内约有6000个零件，包含40个可替换的内部凸轮，只要更换这些凸轮，它就可以写出不同的字词和句子，因此至今其仍被认为是编程机器人的雏形。

图1-6 "作家机器人"（李然，2015）

古老的机器人雏形是人类奇思妙想的结晶，为后来机器人的发展提供了宝贵的灵感和经验。那么如今的机器人是如何发展的？又有哪些类型？在"机器人世界面面观"这一部分，我们将为您揭晓答案！

机器人世界面面观

随着机器人技术的不断发展，机器人的内涵逐渐丰富，机器人的定义也在不断发生变化。根据国际标准化组织的最新资料，机器人的定义如下：具有一定程度的自主能力，可在一定范围内运动以执行预期任务的可编程执行机构。（转引自国家机器人标准化总体组，2017）[3]

本部分将根据这一定义，阐述机器人的分类以及代表性案例。首先本书将遵循国际标准化组织对机器人的分类，将机器人分为工业机器人和非工业（服务）机器人，并介绍两者的内涵和用途，之后将对这两种类型中具有代表性的案例进行介绍。

机器人的分类

世界各地对于机器人的分类标准在不同历史时期有所不同，但是随着机器人的定义逐渐清晰，机器人的分类也明了起来。如今国际上一般把机器人分为工业机器人和非工业（服务）机器人。

工业机器人

国际标准化组织对工业机器人的定义为"自动控制的、可重复编程、多用途的操作机，可对三个或三个以上轴进行编程，它可以是固定式或移动式，在工业自动化中使用"（转引自中国机器人标准化白皮书，2017）[3]。

工业机器人目前广泛应用于汽车、机械、电子、化工等领域。工业机器人的应用，极大地提高了企业的生产效率，推动了相关产业的发展，为人类物质文明的进步贡献了重要力量。自第一台工业机器人被制造出来开始，工业机器人便随着社会的发展不断更新迭代，至今工业机器人家族已经有了数不清的成员，以下是该家族中的几位"名人"。

美国的尤尼梅特机器人

尤尼梅特（Unimate）机器人是世界上第一台工业机器人，它彻底改变了全世界的制造方式。

在1956年的一场酒会上，约瑟夫·恩格尔伯格（Joseph Engelberger）遇到了发明家乔治·德沃尔（George Devol）（见图1-7），两人开始谈论德沃尔的最

图1-7　恩格尔伯格与德沃尔（阮一峰，2016）

新发明——物品传送装置。因阅读作家艾萨克·阿西莫夫（Isaac Asimov）的科幻小说而一直对机器人充满热情的恩格尔伯格喊道："这不就是小说中的机器人吗？！"于是两人一拍即合，决定创办尤尼梅逊（Unimation）公司，专门生产机器人。

受阿西莫夫提出的"机器人三定律"的影响，恩格尔伯格专注于发明能帮助人类完成可能对人体有伤害的任务的机器人。起初人们对机器人的作用将信将疑，为了向工厂推销该产品，恩格尔伯格甚至将成本65000美元的尤尼梅特机器人以18000美元的价格出售。

功夫不负有心人。1961年，尤尼梅逊公司生产的世界上第一台工业机器人（见图1-8）在美国通用汽车公司（General Motors Company）的一家工厂安装运行。这台工业机器人用于生产汽车的门、车窗把柄、灯具固定架，以及汽车内部的其他硬件等。遵照程序指令，尤尼梅特机器人4000磅重的手臂可以轻松地热压铸金属部件。

图1-8 世界上第一台工业机器人尤尼梅特
（Robotic Industries Association，2017）

如此一来，工业机器人在生产线上的独特作用就开始显现——动作精准、不怕高温和污染。这既提高了工厂的生产效率，也降低了工作人员的身体健康可能因高温和污染而受损的可能性。

很快，美国通用汽车公司开始批量采购尤尼梅特机器人，并将其用在汽车生产的各个环节。正是因为工业机器人的使用，美国通用汽车公司才能实现工业自动化生产，这一革命性突破巩固了其在汽车制造行业的领先地位。

后来恩格尔伯格开始力图在美国以外的客户群中推广该款机器人。1967年，一台尤尼梅特机器人在瑞典安装运行，这是在欧洲安装运行的第一台工业机器人。1969年，尤尼梅逊公司的工业机器人进入日本市场，尤尼梅逊公司与日本川崎重工业株式会社签订许可协议，允许川崎重工业株式会社生产尤尼梅特机器人，专在亚洲市场销售。

在20世纪70年代之前，尤尼梅逊公司的机器人几乎垄断了工业机器人市场，该公司把工业机器人销售至欧洲、亚洲，一方面大大提高了这些地区的工业生产效率，另一方面为这些地区的机器人发展奠定了基础。

德国的法姆勒斯机器人

法姆勒斯（Famulus）机器人是德国库卡公司（Keller und Knappich Augsburg，KUKA）在尤尼梅特机器人的基础上改造而成的世界上第一台由机电驱动的六轴机器人。

库卡公司是工业机器人和自动控制系统领域的顶尖制造商，1898年由约翰·约瑟夫·凯勒（Johann Josef Keller）与雅各布·克纳皮赫（Jakob Knappich）创建于德国的奥格斯堡。

1973 年，库卡公司研究并开发了该公司的第一台工业机器人法姆勒斯（见图 1-9）。它是世界上第一台由机电驱动的六轴机器人（经过几十年的不断改进，这款机器人目前的有效载重量已达到 3—1300 千克，机械臂展达到 350—3700 毫米）。该机器人应用范围广，工厂里焊接、码垛、包装、加工等多种类型的作业它都可以自如地应对。广泛的适用性使得库卡公司的机器人在汽车、冶金、食品、塑料成形等行业都大放异彩，目前这款机器人服务的公司包括梅赛德斯 - 奔驰、大众、波音、西门子、宜家、沃尔玛、雀巢、百威啤酒、可口可乐等。

图 1-9　库卡公司的法姆勒斯机器人

（图片来源：https://www.chinaagv.com/shop/143/index/）

特别值得一提的是，该公司所生产的代表动能、力量的橙黄色的机器人，其主色调已经深入人心。在多部好莱坞电影，如《达·芬奇密码》《新铁金刚之不日杀机》中，都可以看到库卡公司的机器人的身影。

瑞典的 IRB 6 机器人

IRB 6 是瑞典通用电机公司（Allmänna Svenska Elektriska Aktiebolaget，ASEA）发明的世界上第一台由全电力驱动、微处理器控制的工业机器人。

1974 年，AESA 开创性地研发并生产了世界上第一台全电控式工业机器人 IRB 6，其主要用于物件的取放和搬运。IRB 6 拥有 5 个轴，设计师通过仿人化的设计巧妙地让其模仿人类的手臂动作，使其可以抬起约 6 千克重的物品。最特别的是，该款机器人的 S1 控制器运用的是英特尔 8 位处理器，拥有 16 KB 的内存容量，拥有 16 个数字 I/O 接口，通过 16 个按键进行编程，并具有 4 位数的 LED 显示屏。第一台 IRB 6 在瑞典南部的一家小型机械工程公司运行，其方便编程的电控系统不久就为该公司提高了工作效率，IRB 6 也因此进入了大众的视野。

1988 年，AESA 与同样拥有百年历史的瑞士布朗勃法瑞（Brown Boveri）公司合并，组成阿西亚布朗勃法瑞公司（Asea Brown Boveri，ABB）。ABB 公司的业务涵盖电力产品、离散自动化、运动控制、过程自动化、低压产品五大领域，其电力产品和过程自动化技术最著名。ABB 公司拥有当今最多种类的机器人产品、技术和服务，是全球装机量最大的工业机器人供货商。图 1-10 是 ABB 公司推出的一款机器人。

目前，ABB 机器人产品和解决方案已广泛应用于汽车制造、食品饮料、计算机等众多行业的焊接、装运、喷涂、精加工、包装和码垛等不同作业环节，帮助客户提高工作效率。

图 1-10　ABB 公司的一款机器人
（图片来源：ABB 公司官网）

日本发那科机器人

发那科（FANUC）机器人是由世界上最大的专业数控系统生产厂家日本发那科公司（Fanuc Corporation）生产的工业机器人（见图1-11）。

图 1-11　发那科机器人
（图片来源：上海发那科机器人有限公司官网）

日本发那科公司成立于 1956 年，于 1959 年率先推出电液步进电机，在后来的若干年中逐步发展并完善了以硬件为主的开环数控系统。而进入 20 世纪 70 年代，随着微电子技术、功率电子技术，尤其是计算机技术的飞速发展，发那科公司敏锐地察觉到技术变革背景下的商业机会，毅然舍弃了使其发家的电液步进电机，开始专心钻研数控系统和工业机器人。1974 年，发那科公司研发出了该公司的首台工业机器人，并在 1977 年实现了规模化生产；1976年发那科公司成功研制了数控系统 5，随后又与西门子公司联合研制了数控系统 7，从此逐步发展成世界上最大的专业数控系统生产厂家，曾一度在大型专业数控系统市场中占据 70% 以上的市场份额。

该公司生产的工业机器人主要用于机床、汽车、食品、生物制药、金属加工、塑料电子及工程机械等诸多行业。包括丰田汽车公司、波音公司在内的巨头企业都与发那科公司有合作。

在 2010 年的世界博览会上，由上海电气集团股份有限公司和日本发那科公司一同设计的发那科世博机器人亮相。别看它是一个 5 米高、可负重 1.3 吨物品的大个子，其依靠自己智能的数控系统，可以根据参观人员的需求，自动调整姿态，完成一系列任务，与参观者灵活互动。这台机器人的出现为人工智能工业机器人的发展拉开了序幕。

每一种工业机器人都在人类的工业生产活动中扮演着重要的角色。说完生产领域，我们再来看看生活领域。究竟有哪些机器人正在影响我们的生活呢？一起来看看机器人的另一种类型——非工业（服务）机器人吧！

非工业（服务）机器人

非工业（服务）机器人是指除了工业自动化应用外，能为人类或设备完成有用的任务的机器人（转引自国家机器人标准化总体组，2017）[3]。

非工业（服务）机器人可进一步划分为特种机器人、公共服务机器人、个人 / 家用服务机器人三类（见表1-1）。

表1-1　非工业(服务)机器人的分类(国家机器人标准化总体组，2017)[3-4]

分类	简介	案例
特种机器人	由具有专业知识的人士操控的、执行特种任务的服务机器人	国防／军事机器人、搜救机器人、医疗手术机器人、水下作业机器人、空间探测机器人、农场作业机器人等
公共服务机器人	完成商业任务的服务机器人	在餐厅、酒店、银行等场所工作的服务机器人
个人／家用机器人	非专业人士使用的服务机器人，主要在家庭中使用	提供家政服务、助老助残服务等的服务机器人

非工业（服务）机器人中究竟又有哪些生动的案例呢？让我们一起来看看吧！

斯伯特机器人

斯伯特（SPOT）机器人是由波士顿动力公司开发并生产的一种小狗形状的机器人（见图1-12）。斯伯特机器人的四足结构，使它可以到达轮式机器人无法到达的地方；足足45分钟的续航时间，足以让它完成一次复杂的任务；

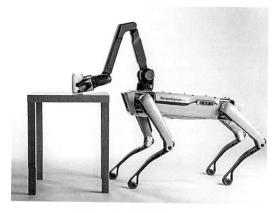

图 1-12　斯伯特机器人

（图片来源：波士顿动力公司官网）

360度视觉范围和避障功能，使它可以由人远程驱动，完成既定任务（见图1-13）。

图1-13 执行任务的斯伯特机器人
（图片来源：波士顿动力公司官网）

同时，斯伯特机器人十分灵活，各式各样的传感器、机械手都可以成为它有力的"装备"。测试表明，通过安装机械臂，斯伯特机器人可以轻松完成拾取和放置物品、开锁等一系列精细的动作。正是因为该款机器人具有十足的灵活性和机动性，其被广泛运用于施工监测、电力检测、矿石勘探、消防等领域。目前波士顿动力公司以斯伯特机器人为原型，向家庭用户推出了"迷你"版斯伯特机器人，后者更加小巧灵活，续航时间达到90分钟，仿佛一只充满活力的、听话的"小狗"。

扫地机器人伦巴

伦巴（Roomba）是一款智能型扫地机器人（见图1-14），来自全球顶尖的生产消费类机器人的艾罗伯特公司（iRobot Corporation，以下简称iRobot公司）。iRobot公司致力于开发能够帮助人们轻松完成家庭事务的实用型机器人。伦巴的 iAdapt 系统是 iRobot 公司的专利，该系统包括软件和相应的感应器。有了 iAdapt，伦巴便可以对环境的清洁状况进行监测，继而做出反应。根据具体状况，伦巴能够采取的动作可达 40 种，使房间获得彻底清扫。

在细节和使用体验方面，伦巴也有很多设计，例如防缠绕、防跌落、定时清扫、自动充电、自动记忆房间布局等，其具有的智能特性和高效清洁系统能够保证家中墙角和床底等不易清扫的地方也被打扫干净。

图 1-14　扫地机器人伦巴
（图片来源：艾罗伯特公司官网）

达·芬奇手术机器人

达·芬奇手术机器人又称达·芬奇外科手术系统（见图 1-15），它是直觉外科公司（Intuitive Surgical Inc.）与国际商业机器公司（International Business Machines Corporation，IBM）、麻省理工学院（Massachusetts Institute of Technology，MIT）、心港公司（Heartport Inc.）联手，基于 MIT 研发的机器人外科手术技术开发的一款半自动机器人。通过它，外科医生可以仅使用微创技术便能完成非常复杂的外科手术，因为该系统可以实现让长度仅为一毫米的小型手术器械完成几分之一毫米距离的精确移动。在达·芬奇手术机器人帮助完成的手术中，患者术中风险较低、失血量较少、术后疼痛较轻、恢复期较短。

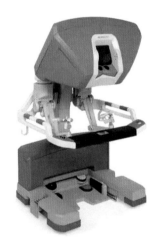

图 1-15　达·芬奇手术机器人的组成部分（师云雷，2019）

达·芬奇手术机器人大体包括三个部分，分别是外科医生控制台、机械臂系统、成像系统。达·芬奇手术机器人不能完全自主行动，需要外科医生对其进行控制。从2000年开始，全球有约4000台达·芬奇手术机器人已投入使用，完成手术次数超过300万次。

人形机器人索菲亚

索菲亚（Sophia）是世界上最著名的人形机器人之一，她也是首个被赋予国家公民身份的机器人。索菲亚（见图1-16）的面部由一种叫作"法宝"（frubber）的特殊材料制成，使其看起来栩栩如生；其通过3D打印技术打印出来的手臂和五指十分灵活，执行基本任务和抓取精巧物品完全不在话下。

图 1-16　人形机器人索菲亚（Hanson Robotics，2016）

运用人工智能、计算机算法和摄像技术，索菲亚的头部后方的内部处理器可以帮助她进行面部识别、处理视觉数据、处理语言信息、发出声音以及控制身体动作。图像识别算法会让索菲亚监测到与其对话的人的脸庞，其所接收的信息会触发设计者为其预先写好的语句以供索菲亚做出反应，待对方回应之后，索菲亚会再次做出判断。通过这样的过程，她可以实现问答、情感交流等。

社交机器人米洛和帕洛

米洛（Miro）和帕洛（Paro）被称为社交机器人。米洛（见图 1-17）是由研究动物大脑和行为的专家开发出来的一款机器人，它面向的消费群体主要是儿童与老年人，它可以与他们玩耍、陪伴他们。米洛的仿生技术让它可以对外部环境做出反应。当声音、触感、光线不同时，米洛会有不一样的表现，例如面对突然变化的环境，米洛会表现出紧张的神情，这时抚摸它的头和背就能够安抚它。

图 1-17　社交机器人米洛（守望新课程，2017）

　　帕洛有着毛茸茸的外表，像一只柔软的海豹（见图 1-18）。它通过给出类似于海豹宝宝的反应来缓解人们的焦虑情绪，甚至能治疗人的社交障碍和认知功能障碍。作为动物陪伴疗法中的一类工具，目前已经有超过 1300 个帕洛被日本的医院和疗养院使用，并逐渐在欧美国家打开市场。

　　机器人米洛与帕洛能够像真实的宠物一样，给人带来陪伴和温暖，同时不具有任何攻击性，用户在享受其所带来的陪伴和温暖的同时，免去了像对待宠物似的给它们喂食、洗澡等麻烦。

图 1-18　机器人帕洛（央视新闻，2017）

太空机器人火星2020

由美国国家航天局（National Aeronautics and Space Administration，NASA）研发的火星2020（Mars2020）机器人已于2020年8月发射。它实际上是一座高达2.1米、重量超过一吨的移动科学实验室（见图1-19），能够在经过9个月的太空旅行后抵达火星，并在火星上独立工作。火星2020上配备的众多摄像头、各种科学仪器和设备是用于探测并记录火星的地质情况、分析火星上是否有过生命的活动迹象的。火星2020前部的摄像头可帮助其避开障碍物，顶部的超级摄像头和工具能够发出可气化岩石的激光，完成钻孔、提取物质、拍照的任务。其中，火星2020上装载的MOXIE仪器是用于将火星上稀薄的大气样品转化为氧气的实验的，另一台叫作SHERLOC的仪器是用于检测地面生命体有机化学物质的。

火星2020这类机器人可以帮助人类在特殊的环境中完成科学勘探和科学实验，避免人类受到伤害。

非工业（服务）机器人已经出现在人类生活的方方面面，其中一些可以与人交流、陪伴在人的身边、帮人做家务以及

图1-19　太空机器人火星2020（NASA Science，2020）

运用于医疗领域，甚至是探索宇宙。非工业（服务）机器人使人类的生活更加便捷，也为未来提供了无限的可能性。

机器人的"破茧成蝶"之路

机器人的数量日益增多，功能日益多样，适用场景日益丰富，离不开人类科学技术的逐步发展。那么如何划分机器人的发展之路呢？每个发展阶段的机器人都有哪些主要特征呢？让我们一起来探究机器人的"破茧成蝶"之路吧！

从机器人 1.0 到机器人 3.0 的华丽蜕变

2017 年，中国信息通信研究院、国际数据公司（International Data Corporation）共同发布了《人工智能时代的机器人 3.0 新生态》白皮书。该书把机器人的发展历程划分为三个时代，分别是电气时代、数字时代和智能时代，每个时代机器人的情况都不相同（见表 1-2）。

表 1-2　不同时代的机器人的情况

不同时代	关键技术或设备	应用领域	人机关系
机器人 1.0 电气时代 （1960—2000 年）	控制器、伺服电机、减速器	工业	保持距离
机器人 2.0 数字时代 （2001—2015 年）	视觉辅助、环境感知、数据收集	工业、商业	保持距离
机器人 3.0 智能时代 （2016—2020 年）	自然语音处理、数据分析、认知学习、人机交互	广泛应用于生产、生活领域	人机协作、情感互动、融合共生

电气时代的机器人1.0对外界环境没有感知，只能单纯地再现人类的动作，在制造业领域代替工人进行机械的、重复的体力劳动。这个时代的机器人主要有以下特点：一是动作单调，多以控制器、伺服电机、减速器等设备为基础，完成较简单的任务。二是人机分离。这个时代的机器人主要用于工业领域，只是生产设备，与人没有交流。

在数字时代，传感器和数字技术的应用使机器人具有了感觉能力，并开始模拟人类部分功能。这不但促进了机器人在工业领域的大范围应用，也逐步使机器人向商业领域拓展。这个时代的机器人主要具有以下特征。一是机器人局部感知能力得到了提升。多种传感器开始被安装到机器人系统中，帮助机器人感知工作对象的位置和周边环境的变化。二是机器人开始具备有限智能。数字化信息处理系统使机器人具有基础性的数据分析能力和逻辑思维能力，实现执行动作的自主修正和对操作指令的主动响应。三是人机之间的距离缩短。机器人的应用领域扩大到了工业和商业领域，人与机器人之间开始产生有限的互动与协作。

在智能时代，伴随着感知、计算、控制等技术的升级和数据分析、自然语言处理、认知学习、人机交互等新型数字技术在机器人领域的深入应用，机器人的服务化趋势日益明显。在机器人2.0的基础上，机器人3.0实现了从感知到认知、推理、决策的智能化进阶。在智能时代，机器人具有以下特点。一是互联互通。机器人将通过传感器等环境感知设备收集海量数据，之后将其快速传送到云端并进行初级处理，实现信息的有效分享。二是虚实转换。

机器人将在数据收集、处理、分析、反馈、执行、物化等流程之间形成闭环，实现"实—虚—实"的转换。三是软件升级。在海量数据需要大量智能运算的时代，软件的作用更大。四是人机交流。在智能时代，通过深度学习技术，人机间实现交互，甚至实现机器人对人的认知和人机之间的情感交流。

然而在智能时代，机器人的发展仍存在以下问题：机器人的能力不足以满足用户的需求，机器人整体价格较高，市场尚小，隐私安全和数据安全保护薄弱，等等。因此，更加适应技术发展和使人机之间更加无间的机器人呼之欲出。

云端助力：走进机器人 4.0

2019 年，《机器人 4.0 白皮书 ——云‑边‑端融合的机器人系统和架构》发布，该报告指出，预计 2020 年后，机器人 4.0 将出现。该报告提出，今后大脑计算和机器人将分离，大脑计算会被放在从云到端的各个地方，实现充分利用边缘计算来使机器人提供更高性价比的服务，从而降低机器人的使用成本，助力机器人规模化部署。（达闼，2019）

该报告同时指出，5G 技术将与人工智能进一步融合，将成为助力机器人规模化部署的重要推动力。就机器人 4.0 而言，要实现机器人规模化部署的目标，将经历三个递进的阶段。首先是把握垂直应用，提高机器人的能力与场景、任务的匹配度，完善机器人在关键应用场景中使用的性能，使机器人在更多的场景中解决人们遇到的问题，从而扩大用户群体。其次是通过提升机器人持续学习和场景自适应能力，扩大服务范围，让机器人逐步满足用户的更多需求。最后是规模化，通过云－边－端融合的机器人系统和架构，让机器人数量达到百万、千万级的水平，从而降低价格，实现大规模商用。

未来，五项机器人核心技术将得到重点关注。

云－边－端的无缝协同计算

云－边－端模式是指：云侧提供高性能的计算和信息存储；边缘侧进行有效的数据处理，提供算力支持，并在边缘范围内实现协同和共享；机器人终端完成实时的操作和处理。伴随着 5G 技术和边缘计算的部署，机器人可以直接完成与边缘服务器的数据传输，减少对云端数据处理的依赖性，响应速度更快，实现云－边－端无缝协同计算。

持续学习和协同学习

持续学习是指通过少量的数据使机器人具有基本的识别能力，能自主寻找更多的相关数据进行运算，通过反复的训练提升机器人的识别能力。在实际应用中，一台机器人能接触到的数据是有限的，因此为了提高其持续学习的效率，应该充分利用云－边－端融合的系统，使机器人之间能共享数据、模型、知识库等，实现更高效的协同学习。

知识图谱

未来的机器人需要更丰富的知识来供其形成知识图谱。知识图谱需要和感知、决策紧密结合，并帮助机器人形成更高级的持续的学习能力。运用云－边－端融合的系统，可以将知识图谱分别存放在机器人云侧、边缘侧和终端，利用 5G 网络实时地完成各端之间的传输。同时不断优化的算法也将让整体资源能得到最优化的配置。

场景自适应

场景自适应是指机器人在对场景进行三维语义理解的基础上，主动观察场景里人与物的变化，并预测可能发生的事情，从而产生与场景相关的行动建议。由于人类生活场景的复杂性，只有结合多种技术，才能使机器人的感知、认知、行动变得更加智能化。

数据安全

未来，机器人将通过多种多样的传感器收集大量信息，因此数据安全显得尤为重要：一方面要保证机器人在每一个环节信息存储与传输的安全性；另一方面，除了原始的数据外，通过用户数据推理出的信息也同样需要得到安全上的保障。

二 "知人识面"：教育机器人的发展

迎接横空出世的教育机器人

本部分的主要宗旨是带领大家简单地了解教育机器人。首先通过给出教育机器人的定义，明确界定本书中教育机器人的内涵；其次从教育机器人竞赛及学校机器人教育实践两个层面审视教育机器人在教育领域的发展；最后呈现教育机器人在育人方面所具有的典型特征。

教育机器人的定义

教育机器人，顾名思义是指主要应用于教育领域的机器人。随着时代的发展和科技的进步，教育机器人已经受到越来越多的关注与研究。而关于教育机器人的具体内涵，目前还没有统一的界定。概括而言，关于教育机器人的观点主要有以下几类。一是学具观。该观点认为，教育机器人是设计者为教育领域专门研发的以培养学生的分析能力、创造能力、实践能力为目标的机器人（黄荣怀 等，2017）。二是教具观。该观点认为，教育机器人是设计者结合教育学与机器人学原理，以教室为最终应用场景，主要用于辅助教师讲解机器人工作原理及机器人学等相关学科的基本原理的机器人（黄捷 等，2013）。三是玩具观。该观点认为，教育机器人是典型的数字化益智玩具，适用于各年龄段消费者，并且能够以多种形式发挥教育人的作用，达到寓教于乐的目的（张剑平 等，2006）。四是综合观。该观点认为，教育机器人是指应用于教育教学方面的机器人（王慧春，2012）[5]。本书所主张的教育机器人的定义与综合观较接近，泛指任何应用于教育教学领域，以辅助教师教学、学生学习为目的的机器人。

提到教育机器人，不得不提机器人教育。有学者认为机器人教育是以教育机器人作为学习对象，让学生通过项目式活动学习机器人知识，从而培养学生实践能力和创新能力（王同聚，2015）；也有学者认为机器人教育的目的是让学生学习机器人的基本知识，或利用教育机器人优化教育教学效果（张剑平 等，2006）。有关机器人教育的定义不胜枚举，但归纳起来，大家对机器人教育的本质的理解是一致的，即以教育机器人为对象，旨在通过激发学生学习兴趣，培养学生创新能力、合作能力、探究能力等高阶思维能力，提升学生在未来数字时代的生存能力及竞争力。

教育机器人的发展历程

教育机器人在激发学生学习兴趣、培养学生综合实践能力方面一直占据优势，其使用对象涵盖大中小学的教师与学生。近年来，越来越多的学校开始引进教育机器人，开设相关课程。学校到底是从何时开始应用教育机器人的？教育机器人经历了怎样的发展历程？要回答上述问题，就不得不了解教育机器人竞赛及学校机器人教育实践。

教育机器人竞赛

1989 年，MIT 开设名为 6.270 的课程，这是可追溯到的机器人最早被用于学校教育场景的实践活动。事实上，该课程是面向本科生的机器人设计竞赛课程，参加该课程的学生会组成不同小组，运用统一的器材设计参加比赛的机器人。该课程影响深远，许多机器人比赛项目的灵感均源于该课程。（天涯客 SEO，2017）杰克·门德尔松（Jake Mendelssohn）于 1993 年创办的美国家用机器人灭火比赛，是第一场面向全球参赛者、定位于教育的机器人比赛，也是全球第一场有中小学生参加的机器人比赛，对机器人进入中小学技术教育领域起到了巨大的推动作用。后续各类机器人赛事如火如荼地展开：1993 年美国非营利组织 FIRST 主办的针对青少年的国际机器人比赛、1997 年国际奥林匹克机器人委员会主办的国际奥林匹克机器人大赛、2001 年开始的中国青少年机器人竞赛、2016 年由中国发起并主办的 MakeX 机器人挑战赛等。各类机器人比赛的开展激发了青少年对机器人技术和知识的兴趣，对各类机器人教育产生了深远的影响。

学校机器人教育实践

各级各类教育机器人比赛的火热开展，不断推动着中小学机器人教育实践，学校开始尝试进行机器人教育，开设与机器人相关的课程。英国于 1998 年开始在中小学开设机器人课程，以色列于 2001 年在高中阶段开设教育机器人课程。在我国，有关机器人教育的实践可以追溯到 2000 年。在这一年，北京市景山学校以课题的形式将机器人教育纳入信息技术课程，在我国率先开展了中小学机器人教学。2001 年，上海市的西南位育中学、卢湾高级中学等学校开始以校本课程的形式进行机器人教育的探索和尝试。2002 年，华东师范大学陶增乐教授基于能力风暴机器人编写了《小学信息科技》《初中信息科技》(均由华东师范大学出版社出版)。2003 年，我国教育部颁布的《普通高中技术课程标准（试验)》将"人工智能初步"与"简易机器人制作"分别列入信息技术课程、通用技术课程中。

随着机器人技术的飞速发展，机器人教育得到越来越多的关注，在越来越多的国家和学校得到普及。在美国，各州教育部门都制定了机器人教育课程标准（杨建磊，2013）。在基础教育领域，课程类型丰富多样，主要有机器人技术课程、机器人主题夏令营活动等（王益 等，2007）。早在 1964 年，日本早稻田大学就开始研究机器人，2002 年，日本就在高中开始了机器人课程试点项目。日本不仅在中小学教学大纲中规定了机器人相关课程，而且在大学设立了机器人专业。日本几乎每所大学都拥有高水平的机器人研究会，并定期举办机器人设计、制作竞赛，鼓励和促进机器人技术不断发展（杨建磊，2013）。近年来，随着我国基础教育课程改革的深入实施，中小学机器人教育也得到了较快发展。

教育机器人比赛以及学校机器人教育实践的开展，不断推动着教育机器人产品的研发。乐高（LEGO）公司在1998年推出了头脑风暴（Mindstorms）机器人；广茂达公司于1999年在已有的6.270课程套件技术的基础上推出了能力风暴机器人；乐博乐博（ROBOROBO）公司开发的ROBO KIDS机器人等系列产品，有助于培养青少年的应用能力、创新能力。

教育机器人的"育人真经"

近年来，为了更好地适应未来社会对技术型人才的需求，我国政府大力提倡在中小学以及高校开展机器人教育和研究工作。早在2003年，教育部就颁布了《普通高中技术课程标准（实验）》，其中明确将"人工智能初步"与"简易机器人制作"分别列为信息技术课程与通用技术课程的选修内容，教育机器人开始正式走入各级各类学校。作为主要应用于教育行业的机器人，与普通机器人相比，教育机器人具有以下几大特征。

第一，综合性。教育机器人集材料、机械制造、能源转换、生物仿真、信息技术于一体，是综合性很强的现代技术。通过接受机器人教育，学生能够学习到数学、物理、计算机、通信等多个学科的知识，其能力会得到有效提升。

第二，开放性。教育机器人多是散装套件或成品。作为套件形式的机器人，学生可以对其进行组装，而成品机器人大多也允许学生拆卸、组装及改装；同时，部分具备编程功能的机器人，代码多是开源的，允许学生进一步设计与开发；学校开设的机器人课程也具有开放性，即其突破了传统课堂的封闭性，充分调动家庭、社会的多种教学资源。

第三，实践性。运用教育机器人的机器人教育大多以学生的操作活动为主，强调培养学生的动手能力。面向教育机器人的教材设计理念中包含了"项目学习""工程设计学习"等教学模式，这些模式都注重学生实践性知识的习得。

第四，创新性。教育机器人自诞生之日起就自带创新的光环，激发着学生对科学技术的兴趣。当前学校开展的机器人教育，大都以学生的自主学习与协作学习为主要活动形式，这种开放性的学习环境可以极大地激发学生的想象力，让学生积极思考，从而培养学生的创新精神和创造力。

走进教育机器人"名人堂"

教育机器人最初诞生于实验室，后因其在培养学生探索能力和独立思考能力方面优势明显，具有较高的教育价值，受到教师、家长的认同，逐渐走进学校、社区、家庭。本节将带领大家走进教育机器人"名人堂"，一起了解教育机器人大家族中的几位佼佼者。

"小海龟"

提到教育机器人，就不得不提 MIT 的"小海龟"。相信绝大多数"80 后""90 后"都在计算机课上玩过"小海龟"，其几乎定义了如今编程教育方法的基本框架，对儿童编程教育和计算机发展都产生了巨大影响。

早在 20 世纪 40 年代，神经生物学家、机器人专家威廉·格雷·沃尔特（William Grey Walter）就设计了机器人"小海龟"。1968 年，MIT 的西摩尔·派普特（Seymour Papert）在研究如何借助计算机辅助儿童学习时，探索出了一种学习方法。这种方法与数学知识有关，旨在让儿童以自己的认知方式去理解数学知识。派普特所在的团队选择以"小海龟"机器人作为切入点。他们为"小海龟"机器人提供一支笔，儿童可以通过计算机上的 LOGO 编程控制"小海龟"的行走路线。而后，LOGO 语言里实现了可以直接在显示器上绘制数字图形的数字"小海龟"的功能。时至今日，在各种编程教育工具和机器人产品中，"小海龟"带来的朝向、旋转、步数都已经成为最基本的命令规范。除了在 LOGO 语言中发挥作用外，这款"小海龟"还启发了很多影响世界的发明，包括我们熟知的 Scratch、乐高的头脑风暴机器人。

仿人机器人 NAO

在机器人研究领域内，仿人机器人是热门的研究方向之一。仿人机器人有着类人的肢体结构，能够在特定的环境中代替人完成多种工作。NAO 机器人作为世界上应用最广泛的一款仿人机器人，由于能提供独立的、完全可编程的、功能强大且易于应用的操作环境，在教育领域得到了广泛的应用。

　　NAO 机器人的高度一般为 58 厘米，重约 6 千克，拥有讨人喜欢的外形（见图 2-1），能够听、看、说，能与人亲切互动。NAO 机器人最早由法国科技公司 Aldebaran 研发，后来该公司被软银股份有限公司（ソフトバソク株式会社）收购，成为软银旗下的机器人。设计者将最新科技成果运用于 NAO 机器人的硬件，为其配备了多种传感器，保证其动作的流畅性。NAO 机器人允许在多种平台上编程并拥有开放的编程架构，即使编程人员使用不同的软件模块，NAO 机器人也可以很好地兼容。除此之外，机器人爱好者还可以用现成的指令块对 NAO 机器人进行可视化编程，为其设计个性化的动作等。

图 2-1　仿人机器人 NAO

（图片来源：Aldebaran 官网）

　　开展各种竞赛活动是普及机器人教育的一个重要途径。机器人世界杯作为机器人竞赛中的重要国际比赛，设置了多个比赛项目。在标准平台项目中，NAO 机器人被机器人世界杯组委会选定为标准平台，在 2008 年第十二届机器人世界杯中首次亮相；2010 年，NAO 机器人也曾在上海世博会上以舞蹈动作惊艳四座，还曾进行了一次令人惊讶的单口相声表演；在 2015 年第十九届机器人世界杯比赛中，NAO 机器人还一举获得了标准平台组冠军（见图 2-2）。除此之外，NAO 机器人还被应用于特殊教育领域。如法国一家孤独症研究中心已证实 NAO 机器人能够调整孤独症儿童的状态，提高他们与周围成年人的沟通能力（何蒨，2017）。

图 2-2　NAO 机器人在参加足球比赛（直播安徽，2015）

乐高教育机器人

乐高公司创立于 1932 年，同年诞生的乐高玩具，在 2000 年被评为改变世界的 100 项发明之一。与乐高玩具相比，乐高教育起步较晚。乐高公司于 1980 年成立乐高教育部，在过去的 40 余年里，乐高教育部开发了一系列富有创意的智能化教育产品，旨在培养孩子在未来取得成功所需要的素养。

教育机器人是乐高教育部所开发的众多产品中的一个重要类型，乐高牌教育机器人是对乐高牌可编程主机、电动马达、传感器等部件的统称。第一款乐高机器人是诞生于 1998 年的 Robotics Invention System（RIS），在经历多年的发展后，当前经典的乐高牌教育机器人是 2013 年上市的乐高头脑风暴 EV3，简称乐高 EV3（图 2-3 中是该款机器人的套件）。

图 2-3　乐高 EV3 套件

（图片来源：乐高教育官网）

乐高 EV3 套件中的核心元件是 RCX/NXT/EV3 可程序化积木。乐高公司为这款套件开发了一套可视化程序编辑工具，使用者只需要把各种代表不同程序逻辑的"积木"在屏幕上堆起来，然后通过套件提供的红外线装置，将程序传入 RCX/NXT/EV3，就可以让机器人动起来。

乐博乐博

乐博乐博公司是韩国的一家教育科技公司，于 2000 年创立，其开发的创意机器人是由首尔大学的工学教授设计的，并被韩国 1200 多所中小学及幼儿园指定为科技器材。乐博乐博机器人在韩国青少年科学探究大赛上连续 5 年获得了"教育部长官奖"，还曾获得"教育产业奖"。针对幼儿园、小学及初中等学段的孩子，乐博乐博分别设计了积木机器人、单片机机器人、人形机器人等。积木机器人各个零部件均为积木，而且设计者所做的设计允许使用者通过刷卡的方式输入程序，能满足低龄儿童的需要；单片机机器人采用了国际标准化的通用单片机器材和图形化界面编程软件，适合小学生学习；人形机器人适合初中及以上学段的学生，学生可以自主选择相应组块以拼出人形机器人，同时借助相应的 3D 图形化编程系统，设计机器人的各种动作。通过上述过程，学生不仅能了解机器人的组成部件、硬件结构以及运行方式等，还能了解相应代码的编写知识，提高学生的逻辑思维能力。图 2-4 中的三款机器人均是乐博乐博推出的。

图 2-4 乐博乐博推出的三款机器人

（图片来源：ROBOROBO 官网）

以适合幼儿学习的初阶课程为例，积木机器人主要是使用了乐博乐博公司旗下的 ROBO KIDS 机器人产品。课程安排主要分为启蒙、拓展和进阶三个阶段，每个阶段包含 16 个主题。启蒙课程主要是向幼儿介绍机器人的基本部件和基本功能，并进行基础搭建、体验程序；拓展课程会增加部分传感器，让幼儿初步体验编程；进阶课程是在上述课程的基础上，建立主题任务，模拟现实。除了拥有相对完备的课程体系外，乐博乐博公司将项目流程管理中的"P—D—C—A"理念融入机器人课程中，形成了包含情境导入、探索体验、反思学习、总结重构四个步骤的教学法，以帮助孩子获取和建构知识。

能力风暴公司的机器人

能力风暴公司成立于 1996 年，是我国的一家机器人公司。在 20 年余年的发展历程中，能力风暴公司自主研发了 120 余款机器人，取得了 600 多项专利。目前该公司推出的机器人产品受到多个国家的学校的青睐。

能力风暴公司推出的机器人主要面向 3—18 岁的儿童

和青少年，包含积木系列"氪"、移动系列"奥科流思"、模块系列"伯牙"、飞行系列"虹湾"、类人系列"珠穆朗玛"、飞行积木系列"氙"六大产品系列。积木系列"氪"（见图 2-5）用到了六面搭建体系，拥有多种传感器，可与用户交流。设计者为这款机器人搭配了四重编程 APP 体系，致力于提高儿童和青少年的空间智能和数学逻辑智能等能力。飞行系列"虹湾"造型时尚，拥有出色的飞行能力，即使在低电压、无信号的情况下仍可以自动降落。设计者为这款机器人配备了五大编程软件，实现了 3D 空间立体编程，致力于提高儿童和青少年的空间智能及编程能力。

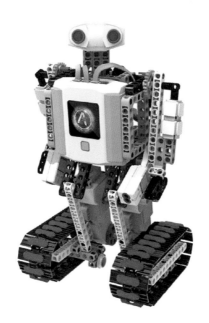

图 2-5 积木系列"氪"

（图片来源：Abilix 能力风暴官网）

三 "洞若观火"：教育机器人的设计原理

教育机器人的"十八般武艺"

在前两章我们了解了机器人与教育机器人的内涵和发展历史。其实,教育机器人的发展和人的发展有相似之处,人会随着社会发展的趋势而逐步调整自己以适应社会,教育机器人也是如此。随着信息和通信技术的高速发展,教育机器人的服务范围和功能特征都在不断变化,逐步具备助力教育的"十八般武艺"。从目前教育机器人的市场来看,我们可以把教育机器人笼统地分为两类:一类是作为教育场景的助学工具的教育机器人,如智能教学机器人、同伴机器人等;另一类是作为热门学科的学习对象的教育机器人,如支持 STEAM 教育的机器人。

作为教育场景的助学工具

教育机器人的第一个核心功能是服务人，为人类学习生活提供智能化、个性化、定制化的服务。目前在语言学习、情感陪伴、教学管理、特殊人群训练等教育情境中都有教育机器人的身影。每到开学季，教育机器人市场就异常火爆，很多人都会选择具备陪伴孩子读书、辅导孩子学习等功能的机器人作为给孩子的开学礼物。根据学生的需求和性格特点，部分购买者会选择提供教学辅导服务的机器人，如能进行智能对话、提供课后辅导的机器人；而面对一些不善社交的孩子，很多购买者会选择提供情感陪伴的机器人，如能和孩子进行聊天的智能机器人、能批改作业的机器人。在特殊教育领域，教育机器人也可以作为辅助性工具帮助相关人员锻炼和恢复身体。

作为热门学科的学习对象

这一类教育机器人的主要功能并不是提供优质的、智能化的教育服务，而是作为新兴的学习内容呈现给相关专业的学生。具体来讲，学生要学习的是如何对机器人进行组装、编程、测试等。自 2018 年起，K-12 教育培训市场就掀起了一场全员学习编程的浪潮。其中，机器人以其编程难度小、功能丰富的优点而受到教育培训机构的热捧。在这种环境下，机器人组装、编程、测试都成了重要的培训内容，也逐步成为学校开展校本课程和社团活动的重要载体。学生也在学习机器人设计与编程的过程中发展了空间思维、计算思维等多种高阶思维能力。在高等教育领域，很多大学开设了机器人方面的必修课程或选修课程，计算机科学与技术专业的学生需要深度了解机器人的结构设计机制和原理，掌握面向机器人的设计与编程方法。

教育机器人的内部结构

作为一种现代化、智能化的产品，教育机器人在外观、结构和功能方面有其特点。第一，机器人外壳、机械运动装置等硬件设备构成了教育机器人的外形。第二，机器人的芯片和软件操作系统构成了机器人"身体"中最核心的部分——"心脏"和"大脑"。第三，应用服务就像遥控器一样，控制着机器人，以使其发挥多种功能。第四，基于教育机器人所开发的教学内容，是提升教育机器人教育质量的核心要素。以上四个方面最终形成了我们所看到的智能教育机器人。本节，我们将深入探索教育机器人所蕴含的科学道理，揭示教育机器人智能化之谜。

教育机器人的硬件

机器人的硬件，就如同人的骨骼、肌肉一样，看得见、摸得着，支撑起了教育机器人。那么支撑起教育机器人的核心部件都有哪些？第一，教育机器人之所以能够像人一样运动，与"关节"密切相关，我们把教育机器人的关节称为"转轴"。第二，教育机器人能够感知外界的信息（如颜色、声音等），离不开各类传感器，它们好比机器人的眼睛、鼻子、耳朵。第三，大部分教育机器人都会有一个屏幕用于传递重要的教学信息。第四，很多教育机器人都可以接受远程遥控，这得益于蓝牙、Wi-Fi等技术的支持。第五，不同的教育机器人的外壳材质不同，常见的材料有铝合金、塑钢、塑料等。金属材质的机器人外壳坚硬，耐撞击。由于金属具有导电性，因此所有金属材质的教育机器人的外壳上都有绝缘涂料，以防用户触电。塑料材质的机器人质量较轻，但相对脆弱，不能长久保存。

教育机器人的"心脏"：中央处理器（CPU）

人的心脏的功能是为身体的血液流动提供动力，我们在吃饭、睡觉、运动时，都得到了心脏的支持。教育机器人的"心脏"是支持机器人运转的部件，我们把它叫作中央处理器（Central Processing Unit，CPU）。CPU作为计算机系统的运算和控制核心，是信息处理、程序运行的最终执行单元，其功能主要是解释计算机指令以及处理计算机软件中的数据。在教育机器人"身体"中，有两个非常重要的"官员"在指挥它工作，我们可以称第一位为"翻译官"，它的工作是将人敲到计算机中的代码翻译成计算机能够听得懂的语言；第二位我们称其为"执行官"，它就是CPU，它的作用是执行翻译好的代码。

教育机器人的"大脑"：操作系统

大脑是人的神经系统中最高级的部分，控制着人全身的运动、感知和语言。同理，操作系统是控制机器人实现多种智能化功能的软件核心。首先，我们了解一下操作系统是什么。

操作系统可以被定义成一种系统的软件，用来管理电脑硬件和软件资源，同时为电脑程序提供常规的服务。我们熟悉的操作系统包括 windows 系统、华为鸿蒙系统、Mac OS 系统。

机器人操作系统是专门为机器人软件设计的一套电脑操作系统架构，可以为机器人提供类似于操作系统的服务。我们可以把它理解成人的大脑，例如，机器人操作系统可以控制教育机器人识别人脸，类似地，人也可以在大脑的控制下认出熟人。再比如，机器人操作系统可以控制教育机器人运动，做出踢足球的动作，类似地，我们的大脑也可以控制我们的腿把球踢进球门。

教育机器人的"遥控器"

想必大家都使用过 APP，我们手机上的微信、QQ 都属于 APP。自智能手机兴起以来，大家都熟悉了 APP 这种叫法。APP 的全称是 Application，对应的中文译名为应用程序，它指的是安装在智能设备（如智能手机）上的软件。对于机器人来说，蓝牙技术等无线通信技术的普及让人使用手机、iPad 等电子设备来远程控制机器人成为可能。用户只需要在手机上进行相关操作，机器人就能感知指令，做出回应。有些 APP 可以用来直接操控机器人，用户只需要触摸某一个按钮，就能够让机器人实现相应功能；而有些 APP 则设置了用户自定义编程的功能，让用户自己定义教育机器人的功能，如 Scratch、乐高 EV3 都是常见的可编程软件，在"走近教育机器人的'内芯'"部分我们会重点介绍这方面的信息。

教育机器人的"血液"：教学内容

教学内容就像是教育机器人的"血液"，没有它，教育机器人的教育功能将荡然无存。那么，什么是教育机器人的教学内容呢？上文我们提到了教育机器人可以笼统地分为助学工具和学习对象，其中助学工具类教育机器人的教学内容主要涵盖能够保障教育机器人智能教学功能的学习资源，如教育机器人自带的课文音频、英语语法讲解、地球科学知识概览等；学习对象类教育机器人本身就能成为教学内容，教育机器人的结构、零件组装、芯片设计、软件编程都可以作为教学内容传递给有志于教育机器人研发的人。

教育机器人的分类

在前面几节中，我们提到了教育机器人的内部结构，这为大家认识教育机器人提供了基本的框架。为了深入剖析市场上教育机器人的功能和原理，本书尝试从软件和硬件两个方面，分维度去讲解相关信息。先是软件方面，我们在上面介绍了控制机器人的软件可以分为开源编程和软件操控两类，由于部分机器人的功能是固定的，用户无法对其进行个性化的操控，我们可以从软件控制灵活性上将这一维度分为开源编程、软件操控和功能固定三类。其中开源编程对教育机器人的控制灵活性的要求最高，功能固定则对教育机器人的控制灵活性的要求最低。接下来是硬件方面，我们可以根据机器人的硬件组装的灵活性将机器人分为结构固定和可组装两类。常见的乐高机器人是典型的可组装机器人，而市面上很多机器人是结构固定的机器人，用户无法对其进行拆分。

控制灵活性是指用户对系统平台操控或开发的程度，具体可以分为三个等级：可编程、软件操控和功能固定。其中可编程是指用户可以作为机器人的设计者，通过开源编程平台或 APP 对机器人进行自定义编程操控；软件操控是指用户可以通过机器人自带的软件或 APP 来控制机器人，这种情况下机器人虽然功能多元但基本固定，能够满足普通用户多元化的需求；功能固定是指用户只能使用机器人自带的特定功能，无法通过其他端口操控机器人。

硬件组装的灵活性是指机器人的可拆卸程度，其中结构固定是指机器人已经封装好，无法让用户自行拆卸、组装等；可组装是指用户可以根据自己的创意和需求对机器人进行重组。

我们可以根据教育机器人的硬件组装的灵活性和软件控制的灵活性，将教育机器人分为六类，分别是结构固定的可编程机器人、可组装的可编程机器人、结构固定的软件操控机器人、可组装的软件操控机器人、结构固定和功能固定的机器人、可组装的功能固定的机器人。

走近教育机器人的"内芯"

在前一部分，我们提到了教育机器人从软件和硬件相关维度可以具体分为六类。每一类教育机器人的核心功能都是值得了解的，接下来，我们将深度剖析一些教育机器人案例，揭示其中的道理，讲解支持每一类教育机器人核心功能的技术，从而帮助读者了解智能教育机器人之所以可以"智能"的真正奥秘。

结构固定的可编程教育机器人

结构固定的可编程教育机器人的主要特征有：外部结构固定，用户无法对其进行改装或重组；有编程接口，用户可以对其进行功能或动作的自定义的编程控制。这一类教育机器人主要被用来帮助学生学习软件编程、硬件编程方面的知识与技能。模块化编程作为一种新兴的开源编程技术，近年来深受美国基础教育界的欢迎，是培养低学段学生计算思维的重要资源。图3-1是MIT"终身幼儿园"团队主持开发的一款面向美国基础教育阶段的学生的模块化编程软件。通过这幅图，我们能够进一步理解"模块化"概念的内涵（模块化主要是指将编程中的一些固定的功能组成一系列模块，用户只需要通过拖动模块到指定的编程区域，简单调试后就能够实现预期功能）。

为了进一步形象化地理解模块化编程的运作机理，我

图 3-1 Scratch 的模块化编程界面

们可以将其比作盖楼房。以前人们盖楼房都是先打地基，再做钢筋，再一块块垒砖。近年来，城市化的高速发展离不开基础设施建设的模块化运作，比如将一部分楼梯结构通过模块化封装的形式在工厂内做好，直接拉到工地安装即可。模块化编程的道理与之类似。过去，编程人员需要了解编程语言的语法结构，熟悉编程环境和操作技巧后才能进行编程。而模块化编程则不需要用户编程，只需要用户熟悉模块功能，在需要的时候使用即可。这种模块化编程技术在一定程度上提高了编程的效率，降低了编程的门槛，让更多低年级的孩子在短时间内就能完成一份不错的编程作品。

通过上述介绍，读者应该对模块化编程有了一定的了解。接下来，我们以 Everest 珠穆朗玛类人系列教育机器人为例，介绍这类产品的特色，同时带领读者了解支持这类机器人具有智能化功能的技术原理——图像识别技术。能力风暴公司组织研发了一款智能教育机器人（见图 3-2）。这款教育机器人能够让学生通过模块化编程和高级编程语言（如 C 语言）编程对机器人的动作、功能进行智能化控制。这款教育机器人的主要特点如下。第一，关节灵活，能做出各种动作。第二，设计者在这款机器人身上运用了图像识别技术，使其能够智能化地识别真实环境中的事物，并给出反馈，如看到一杯红色的水，机器人的眼睛就会变成红色。

图 3-2　能力风暴 Everest 珠穆朗玛款机器人
（图片来源：Abilix 能力风暴官网）

在这里，需要向读者介绍图像识别技术。图像识别技术是人工智能的一个重要领域，它是指对图像进行识别，以将其归为各种不同类别的对象的技术。目前，图像识别技术已经应用到各类智能设备中，如华为手机的拍照识物功能、百度公司推出的拍照识花功能都是图像识别技术运用的典型案例。那么，图像识别技术的基本运作过程是什么呢？图 3-3（张家怡，2010）为读者展示了图像识别技术的基本运作过程。目前应用最为广泛的是神经网络图像识别技术，这一技术的第一个环节是"训练"，即前期需要将大量的照片导入电脑系统，如将成千上万张狗的照片

图 3-3 图像识别技术的具体运作过程

导入一个数据库中。计算机需要对这些照片的特征进行提取，从而让计算机逐步熟悉不同事物所具备的图像特征，如狗鼻子的特征、狗尾巴的特征等。第二个环节是"输入"，当外界图像输入进来后，系统会对这些图像的形状进行提取，然后继续对图像中所蕴含的特征与第一个环节的结果进行比对和匹配，从而一步步识别出与所输入的图片的特征相匹配的物体。第三个环节是"输出"，系统会根据第二个环节的结果给出图像的名称。当然，当部分物体的外形与其他物体的外形相似度极高时，系统会给出推测概率，如当系统识别了一张狼狗的图片，系统会给出不同的结果及其概率（如是狼，概率是10%；是狗，概率是90%）。

图像识别技术在教育机器人领域也有十分广泛的运用，目前市面上出现了很多面向儿童的"画画机器人"（见图3-4）。这类机器人可以识别客户给出的图片，从

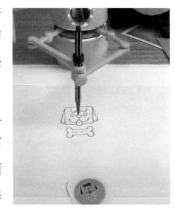

图 3-4 画画机器人

而精准地用自己的画笔画出图片上的事物的轮廓。

可组装的可编程机器人

可组装的可编程机器人的主要特征如下：用户可以根据自己的需求和兴趣自行增加或减少机器人的相关功能性模块（如声音或颜色传感器）；用户可以通过常规语言编程或模块化编程对机器人的功能进行设定。这类教育机器人有两个方面的优势：一是有利于培养学生的动手操作能力、组装能力；二是其所具有的灵活的、扩展性强的功能性模块有助于培养学生的计算思维和科学素养。市场上常见的可组装的可编程机器人有 DFrobot 公司的 MiniQ 小车机器人、乐高星球大战 75253 机器人（见图 3-5）。其中，MiniQ 小车机器人允许用户进行类 C 语言编程或模块化编程，乐高星球大战 75253 机器人允许用户进行 Scratch 模块化编程。同时，这些机器人都可以进行功能模块的拓展，如拓展各类传感器。

图 3-5　乐高星球大战 75253 机器人

（图片来源：乐高教育官网）

憨态可掬的乐高星球大战 75253 机器人中共有三个具有不同特色的小机器人，名字分别是 R2-D2、Gonk

Droid、Mouse Droid。首先，消费者拿到这套机器人时，其初始状态并不是机器人，而是分散的零件和功能控件。消费者可以根据用户手册提供的组装步骤完成组装，也可以根据自己的设计方案为机器人添加颜色传感器等来增强机器人的功能性和趣味性。其次，消费者可以作为"指挥官"，利用乐高研发的 STARWARS APP（见图 3-6）进行模块化编程，从而决定机器人的各项功能。最后，根据用户手册和消费者自己的设计，该套机器人可以做走路、滑行、打鼓、避开障碍物、投弹等动作。

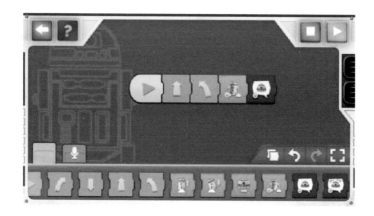

图 3-6　乐高 STARWARS APP 编程界面

如此神奇的功能是怎样实现的呢？我们如何利用 iPad 或手机上的程序，遥控教育机器人呢？在此，我们不得不提到蓝牙技术。蓝牙技术已经在生活中得到了广泛应用，比如我们在开启共享单车时使用的就是蓝牙技术；蓝牙耳机也可以让用户避免耳机线缠绕的烦恼，帮助用户解放双手，便于用户运动。那么，蓝牙技术究竟是什么呢？

蓝牙技术是以低成本的短距离无线通信为基础，为固定设备与移动设备的通信环境提供连接的通信技术（钱志鸿，列丹，2012）。

接下来，我们探索一下蓝牙技术的工作原理。蓝牙技术主要包括硬件模块、协议层和应用模块。其中硬件模块是蓝牙技术实现的基础，硬件模块主要负责发送和传输蓝牙数据，我们想要建立蓝牙连接的前提是两个设备都拥有蓝牙硬件模块。协议层囊括了通信连接、数据传输、信息安全等服务规则。通俗来讲，协议层为数据传输的全过程提供了操作指南和流程规范，没有协议层，通信将变得杂乱无章，数据在传输过程中的真实性和安全性都无法得到保证。最后，应用模块是指运用蓝牙技术的设备，如手机、鼠标、键盘、手提电脑、汽车等。

我们以 iPad 控制乐高星球大战 75253 机器人为例讲解蓝牙通信的过程。首先需要知道的是，iPad 和乐高星球大战 75253 机器人各有一个蓝牙通信设备。我们称 iPad 为主设备，乐高星球大战 75253 机器人为从设备。主设备需要发出"查找设备"的指令，搜寻附近可以进行蓝牙连接的设备。从设备所装载的蓝牙通信设备在保证开启的前提下会被 iPad 检索到，此时主设备的蓝牙连接界面就会显示专属于从设备的蓝牙通信设备名称。用户通过点击对应的蓝牙通信设备进行设备验证与配对，配对成功后，两个设备便可以进行数据交换。

结构固定的软件操控教育机器人

结构固定的软件操控教育机器人的主要特征是用户无

法改变和重组这类机器人，但用户可以通过手机或 iPad 对这类机器人进行操控。这类教育机器人的优势在于，年龄较小的儿童使用起来较为安全，软件控制的扩展性和包容性较强，适合无编程基础的学生。小哈智能教育机器人、Love 智能教育机器人是这类机器人的典型代表，接下来我们会详细介绍相关机器人的功能和对应的核心技术。

首先我们看看小哈智能教育机器人（见图3-7）。这款教育机器人的外形很可爱，它可以锻炼、智能测评、纠正儿童的英文发音。儿童可以全程通过语音对这款机器人进行控制，同时也可以通过这款机器人内置的 APP 进行学习。这类教育机器人的核心特点在于语音识别技术。放眼智能制造行业，语音识别技术已经成为诸多智能产品的标准配置，如智能手机、智能音响、智能电视。那么，什么是语音识别技术呢？

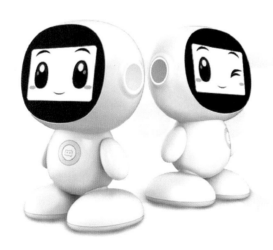

图3-7　小哈智能教育机器人

（图片来源：小哈智能教育机器人官网）

语音识别技术，其本质是让智能电子设备听懂人的语言，其目标是让智能电子设备自动将人的语音内容转换为相应的文字。语音识别技术已经成功应用于语音拨号、语音导航、设备控制等领域。

接下来的问题是，语音识别技术是如何使机器人识别人的语音，从而精准应答的呢？我们来一起探索一下语音识别技术的原理。

语音识别技术大致可分为四个过程：外界声音的提取与处理—声音特征的提取—声音的建模与训练—语音解码与搜索呈现（钛媒体APP，2019）。我们可以把这个过程形象地理解成中国人学英语的过程。外界声音的提取与处理就类似于我们听到了国外影视剧中的一段对话并将其记在大脑里；声音特征的提取阶段就类似于我们对这句话的单词和语法的解析；声音的建模与训练可以理解为我们背单词、记语法的过程，这一过程是为了更好地建立我们脑海中的英语语料库；语音解码与搜索呈现可以理解为我们在脑海中逐步搜索这部影视剧中某个单词或短语的含义，从而拼凑出这段话的完整含义。接下来，让我们深入了解语音识别技术每个阶段的原理。

第一个阶段是外界声音的提取与处理。声音其实是一种波，不同的人说话时的音色、响度和频率都不同，因此呈现的声波样态也不同。当人说出一句话后，智能电子设备会将这句话的波形记录下来，同时智能电子设备会使用VAD技术将这句话开头和结尾的噪声部分切除掉，以降低语音识别的难度。

第二个阶段是声音特征的提取。虽然不同人说话的特征不同，但他们在说同一句话时，声波会呈现某些共同的特征。这一阶段的工作重点是将声波中能够反映语音的本质特征的信息提取出来，并转换为另一种形式（一种包含声音 12 种特征的向量），方便后续与语音数据库之间进行匹配。

第三个阶段是声音的建模与训练。这个阶段的工作重点是将上一阶段生成的语音特征模型与数据库中的声学模型进行比对与匹配，生成识别的结果。常见的声学模型建模使用的是隐马尔科夫模型（Hidden Markov Model）。

第四个阶段是语音解码与搜索呈现。这一过程可以理解为使用一种解码器，在对输入的语言信号进行声学模型建模与匹配后，构建一个识别网络，并运用一些计算机算法寻找符合匹配标准的路径，从而得到与语音最匹配的字串。

接下来让我们了解一款智能教学机器人（见图 3-8）。这款机器人的优势在于集合了陪伴儿童、智能播放音频或视频等功能。学生用户可以触控机器人的面板，使用内置的 APP 来控制机器人的各项功能。与其他智能教育机器人相比，增强现实（Augmented Reality，AR）技术的运用让这款机器人的功能更加多样。当学生将一些动物的图片放在机器人自带的摄像头前方时，屏幕上就会出现这个动物的虚拟现实版本，学生也可以对这个虚拟版本进行拖拽、放大、缩小等。在这里，我们重点介绍这款机器人的 AR 智能教学功能，同时简要介绍 AR 技术的原理。

图 3-8　智能教学机器人

AR 技术致力于将计算机生成的物体叠加到现实场景上。它通过多种设备，如与计算机连接的光学透视式头盔显示器或配有各种成像原件的眼镜等，让虚拟物体能够叠加到现实场景上，使它们一起出现在使用者的视野中（朱淼良 等，2004）。

AR 技术的三个重要的元素分别是摄像头、显示设备和现实世界中的实物。

我们可以通过图 3-9 理解 AR 技术的工作原理。第一步，摄像头或其他传感器可以捕捉真实场景中的物理信息，如图像的结构、颜色、声音、温度等。第二步，系统感知到真实环境中的各种信息后，就会对场景中所包含的物体信息进行采集与识别，也会随着真实场景中的事物的变化进行跟踪。第三步，系统识别出真实环境中的事物时，将会在显示器或屏幕上智能生成虚拟场景。第四步，系统会配合声音等附加信息来提高虚拟场景与现实场景的相似度。

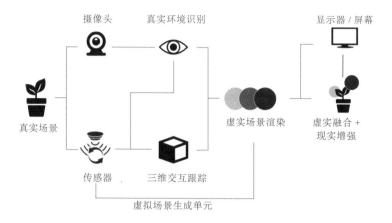

图3-9　AR技术的系统结构（芝麻粒儿，2017）

可组装的软件操控教育机器人

可组装的软件操控教育机器人的特征有：用户可以根据自己的需求和兴趣自行增加或减少相关功能性模块；用户可以利用APP或软件对机器人的功能进行设定。本节将为读者介绍一种智能写字机器人（见图3-10），这款机器人可以代替学生做一些重复性的事务，同时也可以帮助教师分担教学任务，如撰写教案、书写奖状上的内容等。

图3-10　智能写字机器人（佚名，2017）

市面上现在有很多智能写字机器人品牌，我们在这里不做详细介绍，仅介绍这款机器人。这款机器人能够模拟人的笔迹，将规定好的文字书写出来。这款机器人可以由用户自己安装，其中笔的位置和角度，用户也可以根据自己的习惯进行调整。同时，这款机器人要发挥写字功能需要有相关的软件和 APP 的支持。用户在软件中输入想要写的文字，机器人在识别文字后，就会根据预设的文字书写风格书写文字。这款机器人的工作原理类似于 3D 打印技术，即先确定拟定的文字在二维空间（纸面）中的位置，接着机器自动按照人的书写习惯，将笔落在第一个字的二维坐标上，然后根据笔画和预设的字号，书写出文字。后面的文字的书写原理和第一个字一样。总体来说，文字的二维定位以及文字的笔画是这类写字机器人的关键技术难点。

这类机器人目前也遭受了一些非议，如个别学生利用这类机器人抄写家庭作业。机器人的好坏不仅仅取决于功能的多少，还取决于人对它的使用是否得当。使用得当，教育机器人将造福学生，使用不当，教育机器人将影响学生的正常学习生活。

结构固定且功能固定的教育机器人

结构固定且功能固定的教育机器人的特征有：用户只能让机器人发挥特定功能，而无法对其进行功能扩展，同时也无法对机器人进行结构上的改变和优化。这种机器人在功能拓展性上较上述三类机器人差，为了吸引消费者，必须有一技傍身。本节以 Padbot 智能机器人为例，介绍这款机器人的特点以及一项热门人工智能技术——避障技术。

Padbot 智能机器人是一款可远程遥控的机器人，它可以满足学生的英语学习、语音聊天等需求。这款机器人集合了多种技术功能于一身，如语音识别、无线控制等，非常适合在家中使用。与很多家居设备一样，这款机器人也可以"智能行走"。既然要畅通无阻地行走，机器人自然要学会躲避障碍物。那么，机器人在行走时是如何躲避障碍物的？

避障技术的关键在于利用红外线、超声波来测量设备与障碍物之间的距离、障碍物的尺寸等，并根据障碍物的实时变化情况及时调整设备的运动状态，从而达到避障的效果（李一鸣，2017）。常见的计算机避障算法包括遗传算法、模糊算法、神经网络算法以及势场法等。无论使用哪种算法，其核心原理都在于利用传感器，了解设备周围的环境信息。

可组装的功能固定的教育机器人

这类教育机器人的特征有：用户无法改变机器人的预设功能，但可以根据自己的喜好对机器人进行组装。这类机器人的智能性与前几类机器人相比要弱一些，其教育功能多体现在培养学生的动手能力和空间思维能力等方面。此类教育机器人的常见代表有双鹰恐龙机器人（见图 3-11），其预设的功能包括声音感应、手势感应，可以和用户进行简单的互动。这款机器人的特点在于零件的多样性和组装的趣味性，学生可以在拼接机器人的过程中享受动手操作的快乐，也可以锻炼学生的空间思维能力。

图 3-11　双鹰恐龙机器人（广东双鹰玩具实业有限公司，2019）

随着人工智能技术的发展，这类机器人需要逐渐向功能多元化的方向发展，只有这样，其才能更好地满足市场的需求。

四 "落地生根"：教育机器人的应用场景

机器人在教育场景中的应用是人工智能时代产业发展新形势下培养高素质人才的必然追求。许多国家已经认识到机器人在课堂上的重要性，并开始制定教育政策，将其纳入公共教育体系。例如，美国在 2016 年与 2018 年的《地平线报告（高等教育版）》中都将机器人列为一项关键的教育技术，联合国教科文组织于 2019 年发布了《教育中的人工智能：可持续发展的机遇和挑战》报告，提出开展人机协同教学，实施"双师课堂"的融合策略（Pedró, et al., 2019）。近年来，我国提出了推动机器人在教育领域应用的战略规划，陆续颁布了《新一代人工智能发展规划》《教育信息化 2.0 行动计划》《中国教育现代化 2035》等政策文件，指出要大力发展智能化教育，推动智能机器人等在教育领域的创新应用，加强对教育机器人等关键技术的研究与应用，促进教育理念与人才培养模式的改革与创新，从而提高我国教育质量。

教育机器人的应用价值

机器人进入教育领域已有二十多年的历史，在发达国家和部分发展中国家已经成为辅助学生学习知识、培养学生实践能力和合作能力的重要工具。特别是随着互联网、人工智能、大数据、物联网等技术的快速发展，以及认知学习理论的不断发展和完善，教育机器人的研发与应用展现出更加广阔的前景。近年来，教育者正在让机器人以学习伙伴的角色进入教育领域，帮助激发学习者的学习兴趣，使学习者在体验学习的乐趣的过程中提高学习效率，获得社会所需要的知识与能力等。同时，机器人还被用来促进大规模个性化学习，为几乎所有年龄段的学生提供更加智能化的教学服务。

第一，教育机器人可以提高学习者多方面的素养和能力。很多研究者发现，机器人可以提高学生的问题解决能力（Robinson，2005）、协作学习和团队合作的能力（Nourbakhsh et al.，2005）、思维能力、沟通能力和批判性思考的能力，不仅向学生引入创新的智能技术，使其成为未来技术产品的消费者，而且鼓励他们成为积极的创造者。

第二，教育机器人可以成为吸引人的支持性学习工具。教育机器人的使用使得学习者所参与的活动趣味性增强，这有助于创造引人入胜、富有吸引力的学习环境。教育机器人也是一种典型的数字化益智玩具，通过丰富的游戏活动达到寓教于乐的目的。

第三，教育机器人能支持学科知识学习，促进学生发展。一些研究者发现，教育机器人可以帮助学生学习数学和科学知识（Rogers et al.，2004），提高学生的外语水平（Alemi et al.，2014），促进幼儿的精细动作能力和手眼协调能力的发展。同时，通过教育机器人，教师可以开展科学、技术、工程和数学等领域的教学。学习者运用教育机器人也能掌握基本的机器人操作技术和编程技能。

第四，教育机器人在促进特殊儿童发展方面已取得一些明显的成效。例如，移动机器人可以教授自闭症儿童社交技能以提高其沟通能力（Thill et al.，2012），能积极影响自闭症儿童的学习过程（Damiani et al.，2017），增强残疾儿童的动机，提高其投入水平，以及增强高天赋型学生的学习兴趣，等等。

教育机器人的应用分类

机器人技术的进步使新的教育形式成为可能，新一代教育机器人的智能化特点使其可以支持一系列教育教学活动的开展，帮助和促进学生在相关学科领域的学习和核心素养的形成。机器人在教育领域的应用日益广泛，教育应用场景呈现多样化、综合化的趋势。

教育机器人的教学用途

教育机器人的研发具有典型的跨学科、跨领域特征，涵盖计算机科学、教育学、自动控制、机械、材料科学、心理学和光学等领域。就广义而言，教育机器人是为教育领域专门研发的，以培养学生的分析能力、创造能力和实践能力为目标的机器人（卢宇 等，2020）。按照实际用途，教育机器人可以分为教学活动类机器人与教育服务类机器人。教学活动类机器人主要用于课堂教学活动，作为教辅工具直接辅助学习者进行机器人领域相关知识的学习与实践，并支持学习者自行拆装或编程。教育服务类机器人是指可以直接在教学过程中提供智能辅助服务的机器人，其常被归为三种角色，即导师、学伴及工具。其中，导师型机器人可以作为教师助手，为学习者提供优质的教学资源和针对性的教学反馈等，帮助学习者学习语言、调整算术练习方案等；学伴型机器人可以作为学习伙伴参与学习者的学习过程，与学习者进行互动，协助学习者进行时间管理，和学习者合作完成课程中的任务并给予学习者一定的鼓励；工具型机器人可以支持学习者开展各类学习活动，如借助传感器辅助学习者学习部分物理知识，利用编程环境支持学习者开展编程语言的学习等。

教育机器人在教育教学中的几大用途

根据机器人在教育教学领域中的应用目标与方法，可以将其分为五种类型。

（1）学科教学。将关于机器人的知识与技术视为需要学生学习的内容，在各级各类教育中，通常以一门课程的形式，使学生普遍掌握关于机器人的基本知识与技术。主要教育目标有：让学生了解机器人软件工程、硬件结构、功能与应用等方面的基本知识，能进行机器人程序设计与编写，能拼装多种具有实用功能的机器人，能使用与维护机器人和智能家电等。

（2）机器人辅助教学。机器人辅助教学是指机器人在教学活动中作为主要教学工具。与机器人辅助教学概念相近的还有机器人辅助学习、机器人辅助训练、机器人辅助教育以及基于机器人的教育。与机器人课程比较起来，机器人辅助教学的特点是机器人不是教学的主体，而是一种辅助，即充当助手、学伴等，起到普通的教具所不具有的智能化的作用。

（3）机器人辅助管理。机器人可以在课堂教学管理、财务管理、人事管理、设备管理等教育管理活动中发挥作用，提高学校运行效率。

（4）机器人代理（师生）事务。一些机器人能代替师生处理课堂教学之外的一些事务，比如机器人代为借书、订餐等。学生可利用机器人的代理事务功能，减轻与学习本身不太相关的负担，以提高学习效率和质量。

（5）机器人主导教学。这是指机器人在教学实践中不再是配角，而是成为教学组织、实施与管理的主导者。

综合机器人应用于教育的五个领域，可以发现机器人的很多功能是相互关联的，无法把它们完全割裂开来。

教育机器人的应用场景之"72变"

目前市场上教育机器人产品越来越多，国内外出现了不少优秀的教育机器人产品，如丹麦的乐高机器人、德国的慧鱼（FISCHER）机器人、日本的帕洛机器人、韩国的乐博乐博机器人以及中国的能力风暴机器人等。

目前教育机器人在多种情境中得到应用，具有很大的发展潜力。本研究通过整合当前教育机器人的产品类型和相关产品案例，将教育机器人分为六类：（1）由编程支持的创客型机器人；（2）寓教于乐的玩具型机器人；（3）能提供陪伴的同伴型机器人；（4）能担任智能助教的辅学型机器人；（5）面向特殊群体的机器人；（6）能独立教学的仿人机器人。表4-1对这些教育机器人的情况进行了较为详细的说明。

表4-1　几类教育机器人的情况说明

类型	产品功能	教育价值	常见应用场景	产品案例
由编程支持的创客型机器人	在动手实践中教授孩子可视化编程与机器人技术的基本原理。部分产品融合了科学、技术、工程、艺术、数学等跨学科知识，是典型的STEAM教具	可用于培养学生的计算思维、批判性思维、跨学科思维，提高学生解决真实的问题的能力	以基础教育阶段为主；可用于跨学科教学	以可编程的搭建型机器人为主，如乐高头脑风暴、树莓派(Rashpberry Pi)、阿布伊诺(Arduino)、乐聚小艾(AELOS)、细胞机器人(Cell Robot)、编程猫、达奇(Dash)、蜜蜂机器人(Bee-Bot)

续表

类型	产品功能	教育价值	常见应用场景	产品案例
寓教于乐的玩具型机器人	在满足学生玩乐需求的基础上加入教学设计，通过寓教于乐的方式让学生学习编程、生活、语言、社交等方面的知识	让学生在玩中学、做中学，在养成特定兴趣的同时学习知识	幼儿园至初中阶段；正式或非正式教育	以娱乐化、小巧的益智型机器人为主，如爱乐优、"你好"(Cozmo)、碎屑(ChiP)、星球大战(Sphero BB-8)、达达(Dash&Dot)、哈啰芭比(Hello Barbie)
能提供陪伴的同伴型机器人	通过交互、对话，满足学生在心理层面需要陪伴与安全感的需求，培养学生的生活习惯，发展其社会情感	为学生提供生活上的照顾、指导与陪伴	幼儿园至小学阶段；用于家庭或课外活动中	如阿尔法超能蛋、罗博维(Robovie)、卡斯帕(Kaspar)、三宝(Sanbot)、好友(Buddy)、纳沃、塔盖(Tega)、迷雾(Misty II)、爱猫(iCat)
能担任智能助教的辅学型机器人	主要协助教师完成与课堂教学相关的辅助性、重复性的工作	智能化、规模化地支持学生学习，把教师从繁重的教学任务中解放出来，便于教师生成教学智慧	各教育阶段以及各个学科	辅助教师开展教学的机器人，如"未来教师"教育机器人
面向特殊群体的机器人	这类机器人是为有特殊需求的使用者设计的，可以有效地提高他们的沟通与行动能力，或者用于特定患者的治疗与训练等，帮助患者恢复身体机能	为残障人士、病人、老年人提供生活上的照料、心理上的陪伴	主要面向特殊群体（如残障人士）和老年人	针对特殊人群的机器人，如麦乐(Milo)、"你好"、纳沃、帕洛、护理机器人(Care-O-bot4)
能独立教学的仿人机器人	能根据不同的教学情境，独立完成相应的教学工作	完全替代教师开展教学活动，为学生提供智能化、个性化的学习支持	各个教育阶段以及各个学科	如纳沃、索菲亚、派博(Pepper)、埃米斯(EMYS)

由编程支持的创客型机器人

这类机器人是学校教育中应用最多的机器人，其显著特征是学生们可以围绕它们通过可视化编程、动手设计与测试等程序完成相关任务。机器人教育不仅旨在教学生机器人技术、编程技术、各个学科的知识，还旨在通过制作机器人这一过程，引导学生观察事物，培养学生的创新意识和实践能力。机器人教育首先是一种教育，而机器人是一种为达到教育目的而使用的工具。目前多数教育机器人都支持用户开展可视化编程，部分教育机器人融合了科学、技术、工程、艺术、数学等多学科的理念。这类机器人的典型代表有乐高头脑风暴、树莓派、阿布伊诺、乐聚小艾、细胞机器人、编程猫、达奇、蜜蜂机器人等。这类机器人的用户群体以基础教育阶段的教师和学生为主，但也支持其他年龄阶段的学习者使用，也适合跨学科教学活动。

在编程教育中运用机器人，可以让基础教育阶段的学生感觉到编程不再那么抽象。特别是在编程设计过程中让学生不断尝试各种方法，使其成为一个积极的问题解决者，主导自己的学习。此外，机器人教育可以培养学生很多方面的能力，如定义问题、解决问题的能力，收集信息、应用信息的能力，动手操作的能力，协作能力，表达能力，进行批判性思考的能力，这些都是人在未来社会竞争中所需要的关键能力。

例如，由 MIT 和丹麦乐高公司共同开发的乐高机器人科学创意课程非常有名，其最重要的产品是乐高头脑风暴系列机器人（见图4-1）。这个系列的机器人支持用户使用积木建造机器人。通过使用乐高智能积木和数字软件，处于中学阶段的学生可以探索科学、编程和工程方面的问题。乐高头脑风暴系列机器人做到了用户不懂电子电路、机械力学等专业知识也能搭建机器人。学生可以直接跳过大量繁杂的专业知识，只要有清晰的逻辑，就不愁搭建不出自己想要的机器人（丁方仪 等，2019）。这类机器人旨在让中小学生在动手进行创造的过程中发展多元智能，让他们在动手的过程中探究问题、勇于尝试与改变，培养学生的创造力、问题解决能力。

图4-1　乐高头脑风暴系列机器人模型

（图片来源：乐高教育官网）

寓教于乐的玩具型机器人

儿童是天生的游戏者，他们喜欢在玩乐中探索、体验属于他们的世界，而智能化的玩具可以让儿童进行更复杂的探索并促进其发展。传统的玩具或幼教工具交互性较弱，而且大多数玩具或幼教工具的功能是固定的，儿童一般只是简单地使用这些物品，而不能对其做任何改动。玩具型机器人有较强的交互性，交互形式多样，儿童对其不容易觉得厌倦。对于普通儿童或自闭症儿童来说，智能化的玩具型机器人还能充当伙伴。目前越来越多的智能化的玩具不仅具有游戏属性，还能让儿童在玩乐中学习生活、语言、社交等方面的知识。例如，哈啰芭比是一款语音智能玩具，其外形像芭比娃娃，儿童通过与其对话，可以提高交往能力与语言能力。北京紫光优蓝机器人技术有限公司研发的爱乐优儿童机器人，其不仅能够陪伴儿童一起做体操、唱歌、玩游戏，还能为儿童提供学业辅导，成为儿童的学习助理，促进儿童学习，达到寓教于乐的效果。

因此，寓教于乐的玩具型机器人关注儿童的游戏化思维，融入了知识学习、习惯养成、娱乐等元素。这类机器人通常具有可爱、小巧的外形，具备智能化、社交化的特征，既能吸引学生的注意力，激发学生的学习兴趣，又能让学生不知不觉养成某种好习惯，掌握某种技能或知识。

例如，"你好"机器人是一款智能化的玩具型机器人（见图 4-2），适合 8 岁以上的青少年，它如同一只宠物，用户需要陪它玩游戏，它在比赛中如果输了会像人一样闷闷不乐或撒娇，吃多了会打嗝，被欺负了会不开心。你若在初次见到它时与它打招呼并介绍自己的名字，那么它就会记录你的脸部信息，再次遇到你时就会叫出你的名字。对玩家而言，拥有这样一台机器人无异于养了一只可爱的宠物：饿了要给它喂食（用能量块为其补充能量）、监控其健康状况、与其互动玩耍（碰拳、唱歌等）、指挥其完成指定任务。

图 4-2 "你好"机器人

能提供陪伴的同伴型机器人

同伴型机器人具有明显的社交与陪伴功能，旨在以一种自然流畅的方式随时随地与儿童互动，其突出的特征是具备拟人化的移情能力，能陪伴与指导用户，日益成为促进儿童发展的重要工具。儿童现在经常把机器人当作交流对象，喜欢和机器人聊天、玩耍，把它们当作朋友。这些机器人通常具有可爱的外形，能做出生动的表情和简单的动作，提供耐心的、持续的陪伴，对儿童非常有吸引力。

与传统机器人相比，同伴型机器人可以通过尝试协作和交流，记住帮助它们实现目标的符号、文字和信号，并将其存储在一个私密的递归神经网络中。同伴型机器人还可以直接与学生交谈并对他们的情绪做出反应，如果学生感到无聊或者愉快时，机器人将做出调整。在知识学习领域，同伴型机器人可用于教授科学知识、数学知识、社交技能、计算机编程、语言表达技巧，特别是其可以提高儿童的语言表达能力（与机器人互动的儿童，其讲述自己创作的故事、复述所听的故事等能力会得到提高）。

MIT 研发了一款名为泰加（Tega）的教育机器人，其基于高清摄像头和中央处理系统，可以识别外界的语音、图像并进行分析处理，能为儿童提供个性化的辅导与陪伴。法国的一款名为"朋友"（Buddy）的机器人具有和多人同时互动的能力，包括与多人同时对话、线上视频等。这些能力使得这款机器人可被应用于课堂教学的互动环节（高博俊 等，2020）。

相比于导师，同伴能给学习者营造更轻松舒适的学习环境。同伴型机器人的优势在于：不仅可以向学习者精准推送学习资源，还可以通过扮演知识丰富的同伴，增强学习者的学习动机，并给予其情感支持。当学习者在学习过程中遇到不懂的问题时，同伴型机器人可为其讲解问题。

罗博维（Robovie）机器人已经被应用到小学阶段的教学中，其可以与学生进行简单的互动交流，做出握手、拥抱等动作。同样，迷雾Ⅱ（Misty Ⅱ）机器人因能提供生活技能指导、学业辅导等服务，为自闭症儿童带去了希望。研究表明，患有自闭症的儿童会把像迷雾Ⅱ这样的机器人视为同龄人，有这样的机器人陪在身边，他们能够更安心地接受教育。

智能化的情绪识别技术的应用推动了陪伴型机器人在心理健康领域的运用。意大利的一款名叫"爱猫"的机器人在和学习者互动的过程中，可以识别学习者的情绪变化，并及时做出情感上的反馈。研究表明，爱猫机器人不仅能陪伴学习者学习国际象棋的相关规则并给予相应建议，而且能观察下棋者，并与下棋者中的某一方产生共情反应（Leite，et al.，2011）[135-147]。三宝机器人是一款能帮助孩子敞开心扉的机器人。孩子可以用这款机器人拍照片、制作视频等，还可以向其倾诉自己真实的想法。如此，父母和老师能通过这款机器人了解孩子，然后采取正确的行动来积极地影响孩子。此外，法国的纳沃机器人（见图4-3）常被运用于儿童心理干预研究。它是一种可编程的拟人型机器人，全身有7个触摸传感器、4个麦克风和扬声器（用于语音检测和交互）、2个摄像头（用于面部检测），有一定的自主行为能力。纳沃机器人并不需要用户具有丰富的编程经验，就是儿童也能与其轻松互动，并视其为同伴而不是玩具。

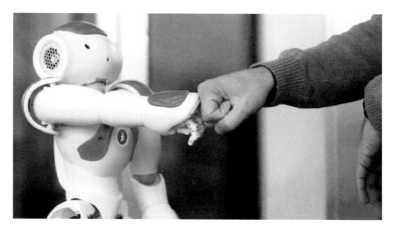

图4-3 纳沃机器人与人互动

（图片来源：Aldebaran官网）

能担任智能助教的辅学型机器人

辅学型机器人是帮助教师辅导学生学习的智能机器人，在某些教学环节扮演着助教的角色，可以称其为机器人助教。一线教师工作量大，备课、授课、管理学生、评价等都会耗费教师大量的时间与精力。随着人工智能技术的发展，越来越多的智能工具被应用于教育领域，成为教师教学和学生学习的得力助手。例如，一款名叫"未来教师"的机器人，可以帮助教师完成辅助性或重复性的工作，如带领学生朗读课文、点名、监考、回答学生提出的问题、陪伴学生聊天等，既能帮助教师提高工作效率，又能让教师聚焦更有创造性的教学活动。

有研究者开发了智能教育助手，其可以为接受远程教育的学生提供个性化的帮助（Santos，Notargiacomo，2018）。一些研究者考察了机器人对初中生学习英语单词时的焦虑水平的影响。被预先编程的机器人通过出示图片、与学生简单对话等方式解释每个单词，之后机器人提出问题，以检查学生的单词掌握情况。有时机器人还会故意犯错，帮助学生从错误中学习。研究者发现，机器人能有效降低学生学习英语单词时的焦虑感（Alemi et al.，2015）。

面向特殊群体的机器人

目前人工智能已成功应用于特殊教育领域，为具有特殊需求的人群提供智能化的服务，致力于实现更加公平的教育。

根据美国国家神经疾病和中风研究所（National Institute of Neurological Disorders and Stroke）的定义，自闭症是一种脑神经发育失调的症状，患有自闭症的人经常会重复特定行为模式或有沟通或互动的障碍。一些机器人能在促进自闭症患者发展方面发挥作用。例如，纳沃机器人可以被用来帮助自闭症儿童识别并适用社交线索，哈尔滨医科大学开发的情感智能机器人RoBoHoN能帮助医生对自闭症患者进行治疗。智能情感社交机器人卡斯帕（Kaspar），可帮助自闭症患者康复，使其言语和社交技能得到发展（Drigas et al.，2012）。麦乐也是一款人形机器人（见图4-4），其可以帮助孩子识别正常的情绪与各类社交行为。通过机器人的示范，患有自闭症的孩子可以学会辨别其他人的面部表情，学习如何回应他人、了解在一般情境中该说什么与做什么、辨别谁是陌生人等。"你好"机器人通过模仿人类的一些动作来激励特殊儿童和普通儿童互动，以更快地发展新技能。面向特殊群体的机器人通常拥有做出与人

图4-4　麦乐人形机器人（科技动态，2020）

类似的表情与动作的能力，其可以帮助一些特殊儿童学会辨别他人的情绪，参与社会交往，帮助特殊儿童回归主流社会。

为老年人提供健康陪护也是此类机器人的一项重要功能。人口老龄化是全球面临的重要议题，许多国家都在致力于开发能解决人口老龄化问题的智能化产品。如比利时一家工厂基于纳沃机器人，开发了能提供带领老年人做复健运动、利用语音给予老年人心理上的陪伴等服务的机器人。在韩国，一款名为"锡尔伯特"（Silbot）的机器人，可陪伴老年人做算术题，也可以和老年人打麻将，提醒老年人吃药，以及通过语音与人脸识别系统，与老年人进行交流互动。

能独立教学的仿人机器人

目前，能完全取代教师独立开展教学工作的仿人机器人还未出现，国内外相关研究也认为机器人不可能完全取代教师，但是有一些具有类似功能的教育机器人已经开始进入实验阶段。比如，纳沃机器人是一款先进的仿人教育机器人，具有麦克风、摄像头等设备，可进行语音和面部表情识别。琼斯（A.Jones）等人对纳沃机器人进行了研究，发现纳沃机器人不仅能与学习者互动，自动检测学习者在学习场景中的动作，并根据学习者所给出的答案的正确与否给予其反馈，还能根据学习者当前的知识水平促进其自我反思，帮助学习者采取适当的学习策略（Jones et al.，2018）。海伦·克朗普顿（Helen Crompton）等人在幼儿园课堂上使用了纳沃机器人，发现其可以促进幼儿社交、情感、语言、交流、认知以及动作技能的发展（Crompton et al.，2018）。日本的东京理科大学研发的赛亚（Saya）机器人，具有面部表情识别能力与语言表达能力，掌握了300个句子和700个单词，可以给小学五年级的学生上课。其实，智能机器人不断融入课堂教学，将会使教师有更多的时间和精力关心学生。可以预见，随着各种智能机器人被引入教育领域，学校教育形态将会发生变革。

未来，随着技术进步，机器人在表情、动作、社会互动等方面，可能会达到人类所具有的水平，而且其没有人类所具有的情绪波动及体能消耗的问题。然而，因为缺少人类特有的细微的情绪感知能力，机器人难以像教师一样关心学生、依据学生的心理状况调整教学进度。不过，由于机器人具有教师不可比拟的稳定性、持续性等特征，教师与机器人的合作将造就极具吸引力的教育发展新图景。余胜泉（2018）指出，面对人工智能的挑战，未来的教育将进入教师与人工智能协作共存的时代，教师与人工智能将发挥各自的优势，协同实现个性化的教育、包容的教育、公平的教育与终身教育，促进学生全面发展。

教育机器人的应用趋势

教育机器人将成为人工智能时代重要的发展方向。根据教育机器人专家们的研判（Cheng et al.，2018），未来，教育机器人将在多个领域发挥作用。

● 用于语言教育。未来，语言教育将是教育机器人主要的应用领域。学龄前儿童对借助教育机器人进行语言学习有更大的需求，包括通用语言的学习、外语的学习。

● 用机器人教育。几乎在所有年龄段都可以开展机器人教育，但每个年龄段的教育目标不同。对于学龄前儿童来说，机器人教育的目标是培养儿童对机器人的兴趣，而就其他年龄段而言，机器人教育的主要目标是支持学习者掌握有关机器人的知识与技能。

● 用作机器人助教。机器人助教可以为教师提供三种服务。第一种服务是辅助教师做好课前准备，即机器人助教在网上搜索材料并加以组织供教师参考。第二种服务是课堂辅助，即机器人助教可以观察学生在课堂上的学习状态，帮助教师判断学生是否掌握了相关知识或者在理解材料时是否出现了问题。第三种服务是课后辅助，机器人助教可以给学生的作业打分，在每个学生的学习档案中进行相关记录。

● 用于特殊教育。对于学龄前儿童来说，机器人可以为患有心理疾病和身体疾病的儿童提供援助，还可以扮演同龄人的角色，帮助学龄前儿童练习社交技能。

● 担任学习顾问。机器人可以担任学习顾问，向学生提供学业和职业选择方面的咨询服务，在给每个学生建议时，考虑学生的学习习惯、兴趣以及能力，让学生了解自己的缺点和优点。

● 机器人教学代理。机器人教师在大中小学中担任教学代理，完成相关教学事务。

● 担任"秘书"。教师可以让机器人担任"秘书"，做一些辅助性工作，例如传送文件或发送信息。

● 用作智能教室管理器。智能教室管理器提供对教室内硬件和软件设施的状态感知与控制，例如教室扩音器中的语音放大、自动清洁、AR/VR 投影等。

● 扮演学习伙伴和个人助理。机器人可以以学习伙伴的角色与学龄前儿童玩游戏，监控小学生的安全与健康状况，帮助中学生完成作业。对于刚成年并开始独立生活的大学生来说，机器人可以扮演个人助理的角色，对学生进行时间管理、饮食管理和健康监控，以及学习日程的提醒。

● 为个人提供陪伴与护理。对于学龄前儿童，一些机器人能起到保姆的作用，保护幼儿的安全和提供帮助，比如帮助幼儿上厕所，监控幼儿的健康状况，提供陪伴。对于老人，一些机器人可以提供护理服务，包括观察老年人是否跌倒，监测其健康状况，以及向医生和其家庭成员发送信息。

● 担任导师。一些机器人可以向用户提供一对一的辅导：就小学阶段来说，一些机器人可以帮助减轻教师的工作量并对小学生的学业进行辅导；对于成年人来说，一些机器人可以提供工作或学习指导；对于学习速度、反应速度都比较慢的老年人来说，一些机器人可以给予老年人指导，耐心地帮助老年人。

● 用于体育、科学与数学教学。一些机器人可用于体育教学，教儿童跳舞或学习其他运动项目，也可以协助老年人进行锻炼。一些机器人还可以用于学前教育阶段和小学阶段的科学与数学教学。

目前教育机器人的技术还没有完全成熟，以上所描述的情景尚没有完全实现。相信在不久的将来，随着教育机器人技术日益成熟，其将会极大地促进人才培养模式的改革创新，促进社会的智慧化转型。

五 "知来藏往"：展望教育机器人的未来

通过前四章的内容，我们已经对教育机器人的历史发展、功能特点、技术原理以及应用场景有了比较清晰的认识。在这一章，我们主要向读者介绍目前我国中小学开展机器人教育的现状以及在"机器人热"的大背景下的相关"冷思考"。我们也邀请了国内知名的教育机器人专家进行访谈，呈现他们对教育机器人未来发展的辩证思考和经验之谈，如伦理问题、面临的挑战、未来的发展方向等。最后，本书把我们前期在小型征文活动中所收集到的家长、教师、学生对教育机器人的角色定位和理想样态的想象呈现出来。

机器人教育的"冰与火之歌"

融合智能化、现代化、高科技等元素的机器人教育日益成为我国中小学信息技术教育新的、有效的载体，在创新人才培养模式、推动基础教育课程改革、提高学生科学素养与创新能力等方面均具有重要的作用。本部分主要通过"热"与"冷"两个方面揭示我国中小学目前开展机器人教育的现状。这一部分不仅包含了学校的典型案例，同时也融合了专家、一线教师、学生、家长等不同群体对机器人教育的思考。

热火朝天的机器人教育

中小学机器人教育是指通过设计、组装、编程、运行机器人，激发学生学习兴趣、培养学生综合能力的科技类综合学科教育（中国电子学会普及工作委员会 等，2019）。近年来，在人工智能浪潮的推动下，机器人教育受到广泛关注并逐步普及。2017 年 7 月，国务院发布的《新一代人工智能发展规划》明确提出，应在中小学阶段设置人工智能相关课程，逐步推广编程教育。2018 年 1 月，教育部印发《普通高中课程方案和语文等学科课程标准（2017 年版)》，在通用技术课程中增加了"机器人设计与制作"模块，包含"机器人结构与传动机械""机器人感知与传感器""机器人控制器""机器人控制策略"四个单元。2018 年 4 月，教育部发布了《教育信息化 2.0 行动计划》，提出"智慧教育创新发展行动"，指出要加强对智能教学助手、教育机器人、智能学伴等关键技术的研究与应用。

教育机器人作为机器人应用于教育领域的代表，被认为是智慧学习环境的重要组成部分。教育机器人给我国中小学信息技术课程增添了新的动力，成为培养中小学生实践能力、创新能力和综合素质的新载体。机器人教育在我国兴起的时间已有 20 余年，经过多年的实践，中小学机器人教育取得了长足的进步，越来越多的学校开始尝试将机器人教育作为学校科技教育的特色，开设了丰富的机器人校本课程。

对机器人教育的"冷"思考

从机器人教育的起步到今天的稳步发展，我们看到了各种机器人竞赛活动风靡中小学，也看到了一些教育工作者对机器人的深入研讨。尽管现在我国基础教育阶段机器人教育已形成一些优势和特色，但其发展仍面临着诸多困境。

机器人竞赛在中小学持续升温，但价值导向存在问题

目前，机器人教育的相关理论研究和实践探索已取得较为丰硕的成果，在中小学课堂中基本形成了一系列活动模式。其中，机器人竞赛在中小学蓬勃发展，在机器人教育中占据着举足轻重的地位。但不可否认的是，现阶段一些中小学仍把大部分注意力集中在机器人竞赛上，忽略了机器人教育对学生素质发展的重要意义（钟柏昌，2016）。机器人竞赛固然是普及机器人教育的一个重要途径，但举办这类活动的根本目的应该是促进学生发展。由于目前我国机器人教育缺乏相应的评价机制，机器人竞赛的成绩演变成评价一所学校机器人教育开展情况的指标之一，甚至是决定性指标。这种"竞赛成绩高于一切"的观念体现了我国中小学所参与的机器人竞赛的价值取向存在问题——

教育价值淡化，趋于商业运作。然而，我们也惊喜地看到一些学校正在不断拓展机器人教育的内容，逐渐形成以竞赛为导向的机器人课程载体，扩大了机器人教育的普及面。以中国青少年机器人竞赛为例，其中包含的 FLL 项目和综合技能项目很好地实现了从竞赛到课程的转变（中国电子学会普及工作委员会 等，2019）。

随着国家对机器人教育的重视，普及机器人教育需要参照"计算机的普及要从娃娃抓起"的做法，让机器人的普及也从娃娃抓起，尽快让机器人走进中小学课堂。（王同聚，2015）

机器人教育普及率仍需提高

全国性的专业机器人竞赛是促进当下机器人教育蓬勃发展的最直接方式，但若想真正实现机器人教育的持续发展，普及机器人教育至关重要。由于客观条件限制，目前在我国，机器人进课堂仍面临重重阻碍。由于我国机器人教育起步较晚，其教学活动的理论研究和实践探索仍相对匮乏，许多教师对如何将机器人应用到自己的教学实践中感到茫然。此外，与机器人相关的课程体系、配套教材以及场地设备也不够完善。《普通高中课程方案和语文等学科课程标准（2017 年版）》提出"机器人设计与制作"模块的教学活动应在专用教室开展，例如，拆卸组装区、硬件设计调试区、软件设计调试区等。然而，由于国家还没有出台相关文件，大部分学校还缺少开展机器人教育的设备，因此机器人教育的普及还需要时间。

机器人教育与新兴技术的整合不够，基础研究居多

随着人工智能时代的到来，机器人教育与新兴技术的整合将是未来重要的发展趋势。在机器人教育中融入 3D 打印、虚拟现实、语音识别等关键技术不仅将有助于扩展学生的学习内容、形式、空间，同时有助于激发学生的学习兴趣。有学者对国际机器人教育研究的前沿与热点进行了分析，发现国际机器人教育注重教学工具与系统开发，并积极推动增强现实、虚拟现实、3D 打印等新兴技术与机器人教育的整合；相较而言，我国机器人教育则缺少机器人与其他技术的整合。（周进 等，2018）

机器人在教育中扮演的角色比较单一，其作为学伴、助教等角色有待开发

目前，我国教师在机器人教育中大多只是将机器人作为工具，这点在机器人竞赛中就有所体现。然而，随着机器人技术的日趋成熟，其已经可以扮演智能化的学伴、助教等多样化的角色。今后，我们一方面要深入研究作为工具的机器人如何真正地发挥作用，另一方面应该积极开展机器人作为智能化的学伴、助教等的实践研究。

学校中的教育机器人将成为智慧学习环境的重要组成部分，既可作为教师助手支持教学设备使用、提供学习内容、管理学习过程、常见问题答疑等，也可作为学习伙伴协助时间和任务管理、分享学习资源、激活学习氛围、参与或引导学习互动，形成一种新型教学形态。

随着家庭教育受重视程度的日益增强和"家庭学校"在全球的兴起，教育机器人或许能作为同伴或辅导教师成为"家庭的一员",协助"在家教育",促进孩子的学习发展和健康成长。(黄荣怀 等,2017)。

缺少高质量的师资队伍和相关专业培训

机器人教育的发展离不开高质量的师资队伍。机器人技术融合了机械原理、电子传感器、计算机软硬件、人工智能等多方面的新型技术,因此对教师的专业能力和素质要求极高。目前,学校机器人相关课程的授课教师基本来自信息技术和通用技术学科,教师的专业背景大多是工科专业或教育学专业,而具有人工智能等专业背景的教师则非常稀缺。此外,对现有机器人教育方向的教师的相关专业培训也严重不足,各类因素导致这方面师资缺乏,使机器人教育未来的发展深受掣肘。

探索跨学科的机器人教育实践,推进机器人教育与STEAM教育的融合发展

目前,我国机器人教育主要与信息技术学科相关,重心在于提升学生的信息素养、编程能力。然而,通过了解国外机器人教育的发展情况,我们发现,机器人在医学、工程、物理等众多学科中都有一定程度的应用。机器人教育可融合数学、物理、生物、艺术、工程、编程、机械等多学科的知识,符合 STEAM 教育的理念,因此,未来应积极探索并开展跨学科的机器人教育实践,推进机器人教育与STEAM教育的融合发展。

教育机器人是否会取代教师？

随着人工智能时代的到来，教育机器人会对教师产生什么样的影响、教师会不会被教育机器人取代逐渐成为大众关注的焦点，国内外不同领域的专家都在探讨这些问题。总体来看，以下三种观点是主流观点。

取代说

爱因斯坦曾表示，"我反对把学校看作应当直接传授专门知识，以及教授在以后生活中能直接用到的技能的地方的观点。……学校始终应当把发展独立思考和独立判断的一般能力放在首位，而不应当把取得知识放在首位"（成都家长帮，2018）。教师若是仅以提高学生的考试成绩为目的，一味地向学生灌输知识，则与知识的搬运工无异。这样一来，教师在人工智能面前将毫无优势，迟早也会被机器人取代。2017年，机器人参加了我国的数学、语文和文科综合考试高考。（Helloworldroom，2017）试想一下，如果未来机器人能在各科考试中超过学生，那么那些强调应试教育的教师们被教育机器人取代的可能性将大大增加。

不可取代说

很多人认为用机器人取代人完全是基于效率方面的考虑。然而，当我们认识到人与人之间的互动所具有的价值，就会发现尽管机器人工作效率很高，但其不能提供人际互动价值。2017 年，英国广播公司（British Broadcasting Company）发布了 365 种职业在未来被取代的概率，指出电话推销员、打字员、会计等在未来被机器人取代的概率最高，而酒店管理者和教师则以 0.4% 的低概率成为未来最不可能被机器人取代的职业。（课外大师，2017）

人机协同说

如果机器人将来会减少人们的就业机会，这对个人来说是一个巨大的挑战。但实际上，从过去几十年的数据来看，自动化所创造的就业机会多于它所减少的（Allen，2015）。因此，我们更应该期待的是结合机器与人类各自的优势实现人机协同的新局面。余胜泉（2018）指出，人工智能可以扮演负责出题和批阅作业的助教、进行学习障碍诊断与反馈的分析师、学生素质提升的教练、进行学生心理素质测评的心理辅导员、进行学生体质健康监测与提升的保健医生、反馈综合素质评价报告的班主任等 12 种角色。未来，教师应该与教育机器人协同工作，各司其职，方能培养出适应社会要求的高素质人才。

专家访谈

在教育机器人对教育领域持续产生影响的今天，教育机器人与教师关系成为重要话题。本书作者就相关话题访谈了国内人工智能教育专家和教育学领域资深学者，并将四位专家的精彩观点整理如下。

祝智庭教授专访

祝智庭，华东师范大学终身教授，博士生导师，教育部教育信息化技术标准委员会主任，全国教育科学规划领导小组成员兼教育信息技术学科组组长，国家级教师培训管理者发展研究中心学术委员会委员，促进智慧城市健康发展部际协调工作组成员。

祝智庭教授是我国教育信息化领域的理论研究者与实践探索者，也是我国教育信息化技术标准建设的引领者和智慧教育的先行者。主要研究领域为：教育信息化、智慧教育理论与应用、面向信息化的教师发展、面向教育的人工智能等。公开发表论文百余篇，出版专著、编著、参编或主编著作 40 余部，承担国家级、省部级课题 20 余项。

● 记者：随着技术的发展，教育机器人能否替代教师？

● 祝智庭教授：

教育问题极其复杂，这个问题属于"超学科"问题。虽然教育机器人可以代替教师做一些辅助性工作，但我认为教育机器人完全替代教师是不可能的。从教育机器人和教育信息化发展的脉络看，最初是计算机辅助教学，之后发展到智能家教，目的都是希望机器人做教师。机器人做教师的实现路径主要有两种思路：第一种思路是"智能植入法"。即针对某些有规则的、可重复的工作,通过提炼规则、利用经验等方式让机器人模仿人类专家,建立专家系统。然而,因为教师的工作中有显性规则的地方颇少,所以可替代的地方也就不多。第二种思路是"智能生成法",即让计算机通过"深度学习"形成高级智能,这种方法率先在计算机视觉领域取得突破。研究人员用大量图片"训练"计算机,从而使计算机获得识别图像的高级认知能力。但是,面对教师所从事的教育教学工作,我们应该用什么素材去"训练"计算机?对于这个问题的研究,研究人员至今没有大的进展。或许我们可以把教师工作场景分为多个类别,形成各个类别的场景的数据集,然后用这些数据集"训练"计算机,从而使其形成一定的教学能力。然而,教师工作场景的划分和数据集的表征是十分困难的事,尤其是涉及情感方面的因素,那就更加困难。我一直认为,教育教学过程是科学性、技术性、艺术性、文化性高度融合的过程。

我们也可以从拟人的角度回顾教育机器人的发展历史。从 20 世纪 70 年代开始,美国就开始研究智能导师。但是,这项研究的意义受到了 MIT 的教授派普特的质疑。派普特认为计算机的智能不会超过 4 岁儿童的智能水平,计算机怎么可以当老师呢?不如让计算机当学生,让学生当老师,于是他发明了一种基于平面几何的智能编程语言 LOGO,后来演变为可视化智能编程语言 Scratch。除了考虑让计算机当老师和当学生,计算机还可以作为学习伙伴。我国台湾学者陈德怀教授三十多年前在美国读书时撰写的博士学位论文就是关于智能学伴研究的。近年来，国际上出现了基于深度学习算法的智能学伴，称为"聊天宝"（Chatbot），其与人对话的能力还比较有限。考察国际上教育机器人的发展水平，排得上号的屈指可数，我可以讲几个案例：美国匹兹堡大学针对 C 语言课程的智能助教，能够为学生提供在线答疑服务。这款机器人投入使用一个学期后，很多学生没有察觉到服务者是机器人；英国诺丁汉大学开发的学伴机器人 NAO，最初是为自闭症儿童服务的，后来发展到为学生的多学科学习服务，在教室里陪伴学生学习，颇受学生欢迎。

我在给智慧教育所做的定义中特别强调人机协同促进教学过程优化和学生发展的作用。人机协同共有三种模式："人在回路""人在旁路""人在领路"。我认为教育还是要以人为本，我们应该多考虑智能技术对教育过程行为主体（教师、学生、管理者等）的赋能作用，而不要太多地关注所谓的替代。在对待教师与教育机器人的关系上，我们要有原则和底线，把适合机器人做的事情让机器人去做，把适合人做的事情让人去做，把适合机器人和人一起做的事情让两方一起去做。

● 记者：在人机协同的未来，教师的哪些能力或素质会非常重要？

● 祝智庭教授：

现在很多人在谈教师的数据素养，我认为教师仅仅具备数据素养还不够。国际上有著名的"数据智慧四层框架说"，讨论的是数据—信息—知识—智慧的递进过程，目前很多人都在谈"数据驱动"的教学决策，我觉得用"数据智慧驱动"的教学决策更合适，因为后者蕴含了人机协同智慧。当前计算机确实为教育提供了很多帮助，但还是停留在提供常规数据层面，教师真正制定决策时还是需要自己的专业智慧。另外，教师需要改变传统的以知识为中心的教学理念，要让学生体验、建构、发现、创造，这也与我在智慧教育定义中所强调的精准、个性、优化、协同、思维、创造六大特性紧密相关。

● 记者：请您对教育机器人在教育领域的应用现状进行评价。

● 祝智庭教授：

在中小学，教育机器人多与创客活动相关。就学生的学习而言，教师以机器人为载体，借助机器人能感知、模拟、执行任务等优势，让学生理解与应用智能技术，在这个方面，机器人是非常有价值的。目前在学校教育中，信息技术的重要性日益凸显：一方面，教育行政部门已经将信息技术作为单独的学科开设，智能机器人内容已被纳入其中；另一方面，信息技术也在不断向其他学科渗透，促进课程改革，赋能教学创新。总体来看，上述两个方面对教育机器人在教育领域的应用均起到非常大的推动作用。

李政涛教授专访

李政涛，华东师范大学教育学部教授，博士生导师，教育部人文社会科学重点研究基地华东师范大学基础教育改革与发展研究所所长。2015年入选国家百千万人才工程，获"有突出贡献中青年专家"荣誉称号。已在《教育研究》《高等教育研究》《北京大学教育评论》《课程·教材·教法》等核心期刊及《人民教育》等杂志发表论文100余篇，多篇论文被《新华文摘》《中国社会科学文摘》《中国人民大学复印报刊资料》等刊物转载。

● 记者：随着技术的发展，教育机器人能否替代教师？

● 李政涛教授：

人工智能时代，人工智能类机器人做老师是一个必然趋势。我认为未来将会有两种教师存在：一是人师，二是机师（也就是机器做老师）。未来的师生关系一定是一种三角关系，涉及人师、机师与学生，而未来的教学也一定是人机交互式的、协同式的教学。这其中，必然存在着人师和机师的责任、职能划分问题。我们需要思考两者在什么地方是交叉的，在什么地方是有所区分的。人师职能与机师职能交叉的部分，很可能就会由人工智能类机器人来承担。我的基本判断是，机师能够替代人师的部分职能，而从整体上来说，机师永远无法完全替代人师。之所以得出这样的判断，很重要的一个原因是：教育是需要人与人之间面对面的沟通和交流的，这是师生在教育过程中无可替代的一种交往方式。人是有人性的、有温度的、有情感的，机师虽然也能和学生进行交往，但它本身的特性决定了其无法替代人师。

● 记者：教育机器人可以替代教师的哪些职能？教育机器人无法替代教师的哪些职能？

● 李政涛教授：

一方面，教育机器人可以替代教师的那部分职能，也就是人工智能的优势所在。人工智能包含三种智能，一是计算智能，即能学会算；二是感知智能，即能听、能看、能认；三是认知智能，即能思考、能决策。就这三种智能而言，特别是计算智能，它的独特之处在于帮助教师了解学情、诊断学情、分析学情，教师基于这些可以提出相应的对策，从而改变教师在观察学生方面的模糊性、不确定性。另一方面，传统中教师的很多工作，比如批改作业、提供个性化诊断方案和个性化辅导，也是教育机器人可以承担的。

关于"教育机器人无法替代教师的哪些职能"这一问题，其实回到了教育本身。理想的教育是有温度的、有情感的，这是任何教育机器人所无法提供的。我们常说，教育是一棵树摇动另一棵树，一朵云推动另一朵云，一个灵魂唤醒另一个灵魂。而这只有人才能做到，教育机器人是做不到的。此外，随着人工智能越来越发达，人类社会将迎来两大挑战：一是人工智能对传统职业的挑战；二是人工智能对学校教育所培养的学生素养和能力的挑战。那么，什么样的素养和能力是人工智能所无法替代的？我认为这样的素养永远是与人的生命同在的素养：一是艺术素养，二是哲学素养。艺术素养是通往个人生命体验的，而体验是任何教育机器人无法具备的。正如有一千个读者就有一千个哈姆雷特，同一首诗词，由于每个人生命体验不同，因此每个人的阅读感受也不同。哲学素养给人价值观。以无人驾驶汽车为例，当发生事故时，汽车该怎么做？这个问题涉及伦理、价值取向问题。有人说，在人工智能时代，价值观是人类最后的高地、最后的尊严。另外，哲学赋予人反思能力，反思和自我意识有关。无论是艺术素养还是哲学素养，这些素养永远与人同在，只有人师可以具备这样的素养，教育机器人是无法具备的。

● 记者：为应对智能时代的挑战，教师需要具备哪些能力？

● 李政涛教授：

我认为在智能时代，以下四"商"对于教师非常关键：一是德商，二是情商，三是数商，四是信商。前两个"商"比较好理解，我简要介绍后两个"商"的内涵。数商是指教师对数据很敏感，具有分析数据进而做出诊断的能力，还有基于数据分析和诊断结果优化教学方法、教学策略的能力。信商是指教师面对智能时代的大量信息，能够选择、辨析、整合、利用信息，不被大量的信息湮没。

● 记者：您如何看待教育机器人在教育领域应用过程中存在的一些价值偏差问题？

● 李政涛教授：

我们运用教育机器人，本质上是为了更好地育人，而不能让教育机器人成为应试教育的"帮凶"。我们不否认教育要提高学生的分数（以下简称"提分"），但教育的最终目的是育人。因此，我们需要回答的问题是怎样在提分的过程中育人。现在经常出现的情况是提分和育人割裂，有时教师忙着提分而忘了育人。如何在提分的过程中育人，以育人的方式来提分，是这个时代特别重要的话题。而要真正发挥教育机器人在其中的作用，就需要多方协同。如在教育机器人的设计方面，开发者、校长、教师、家长等要形成协作共同体。很多时候，开发者是用技术眼光去开发教育机器人的，开发者很难站在学生和教师的立场去思考问题。同时，政府的引导也非常重要，政府的引导可避免教育机器人的发展方向走偏，从而回归教育的本真。

顾小清教授专访

顾小清，博士，华东师范大学教授，博士生导师，教育信息技术学系主任，上海数字化教育装备工程技术研究中心主任，中国教育学会中小学信息技术教育专业委员会理事长，中国教育学会普通高中新课程实施"领航计划"专家委员会委员，教育部教育信息化专家组成员，教育部教育信息化中长期发展规划和"十四五"规划专家组成员，教育部"智慧教育示范区"专家组成员，教育部高等学校教育技术学专业教学指导委员会成员，宁夏"互联网＋教育"示范省（区）指导专家，入选 2011 年度教育部新世纪优秀人才支持计划。近年来在中外文高水平期刊上发表论文近 200 篇，已出版专著和教材 20 余部。

● 记者：随着技术的发展，教育机器人未来能否替代教师？

● 顾小清教授：

在我们可见的未来，教育机器人是不可能完全替代教师的，但有一部分教师的角色或工作可以被替代。对于低水平、重复性的工作（如日常作业的批改）和日常管理方面的工作（如汇总学生的信息），教育机器人将会代替教师完成。而那些涉及高阶思维、人际交互、情感关怀方面的工作是不可能由机器人完全取代的。学生在学校不仅仅是在学习知识，其也是在感受与接收教师所提供的情感关怀和高阶思维层面的熏陶，教育机器人无论如何发展，都无法取代教师作为真实的人对学生的感化与熏陶。

● 记者：教育机器人已经作为教学内容进入 K-12 课堂中，您是如何看待这一现象的？

● 顾小清教授：

在信息技术教育领域，我国高中信息技术课程中如今已经设置了人工智能模块，机器人也开始作为教学内容之一。可以说，人工智能、教育机器人作为教学内容，呈现出百花齐放的样态。但我们从另一个角度来看，就会发现存在"群雄争霸"的问题。通过对人工智能教育领域发展情况的初步调研，我们发现大多数教育机器人课程与服务是由企业主导的。企业为了推广与人工智能相关的硬件产品，推出了很多人工智能课程、教材，但目前为止还没有形成非常科学、规范、成体系的人工智能产品和配套教材，以真正引领人工智能教育健康发展。我认为需要有相关的课程标准或服务指南来进一步规范这个领域，引领教育机器人这类人工智能技术走向正轨。

● 记者：教育机器人在教育中的应用会不会给教师带来新的挑战？

● 顾小清教授：

要想回答这个问题，还是要回到"教育机器人在学校中扮演什么样的角色"这一问题上。对于教师来说，如果有些教育机器人可以帮教师减轻负担，相信教师和相关教育部门是非常欢迎它们的。随着技术越来越成熟，教育机器人的智能性和"类人性"也会进一步得到提升，这一定程度上是服务于教师日常教学工作的，因此教师的技术门槛实际上是降低了，要求也就没有那么高了。我认为，如果教育机器人能够在学校日常工作中真正发挥作用，那么在学校里应该是会非常受欢迎的，教育行政部门也会愿意推广教育机器人。相反，如果教育机器人技术还不是很成熟，在学校强行推广教育机器人就可能会产生问题，比如伦理方面的问题。

杜成宪教授专访

杜成宪，博士，华东师范大学教育学系教授，博士生导师，教育部人文社会科学重点研究基地基础教育改革与发展研究所研究员，中国教育学会教育史分会副理事长，马克思主义理论研究和建设工程教育部第三批重点教材编写课题组首席专家，已出版多部著作。

● 记者：随着技术的发展，教育机器人未来能否替代教师？

● 杜成宪教授：

我认为教育机器人不能完全胜任教书育人这份工作，教育机器人不可能有教育意识，也不可能做出有教育意义的行为，即使其智能化程度再高，也不能完全替代教师。从我国教育传统对教育的理解来看，教育本质上是一种对人的情感、人格和价值观进行影响的活动，教育机器人是做不到这些的。教师的工作不只是走上讲台给学生上课，更重要的是对学生人生观、价值观的培养施加积极的影响。

中国古人对教育的理解是与人为善，目前教育的内涵有所泛化。按照我的标准，教育是影响学生与人为善的过程，按照这个观点来说，教育机器人是根本无法替代教师的。教师这个概念在传统意义上是具有道德内涵的，目前我们对教师这个概念的理解偏中性化了。我国古代把教师分为经师和人师，经师是指严肃、严谨、严格地对待教育教学工作，不"误人子弟"的教师，而人师则是指陶冶学生人格的导师，其要有伟大的人格和高尚的修养。教育机器人根本无法替代人师。当然，随着现代社会对教师这个概念的理解的泛化和中性化，我认为教育机器人也是可以替代教师的部分低阶职能的。

● 记者：教育机器人已经作为教学内容进入 K-12 课堂中，您是如何看待这一现象的？

● 杜成宪教授：

第一，我认为可以适当在中小学阶段增设编程课程，但绝不能超越中小学阶段整体的教育目标。目前这种基于教育机器人的编程课程已经从高等教育向基础教育下移了，但我们要想清楚这种下移究竟要达到什么目标。如果连目标都没想好，那就是对学生不负责任。

第二，教育机器人作为辅助工具能够给学生提供便利，但其在教育中的应用绝不能影响学生思维的发展、学习能力的提升。因为教育机器人很智能化，过度使用可能会导致很多学生不爱思考。欧美一些国家的中小学生，其基本的学习能力是比较薄弱的，比如计算能力弱，导致这种现象的原因可能是这些国家的技术较为发达，即技术的高度智能化使学生本身的能力发展受到了制约。

● 记者：教育机器人在教学中的应用会不会给教师能力带来新的挑战？

● 杜成宪教授：

我认为教育机器人的应用并没有对教师降低要求。教育机器人能发挥什么样的作用，很大程度上取决于使用者对教育机器人的理解和使用水平。教育和教学工作是有规律的，既然这种工作是有规律的，那么教师对规律的认识和把握程度会影响其借助教育机器人开展教育和教学工作的效果。

人工智能时代，教育要培养什么样的人？

不论是取代说、不可取代说还是人机协同说，其实对技术本身都没有质疑。我们已经充分认识到人工智能正在使世界产生前所未有的深刻变化，对此，教师应认真思考这样一个问题：在人工智能时代，教育到底要培养什么样的人？很显然，这样的问题很难有标准答案，但应该没有人会说，要培养只掌握知识而不具备能力的人。

基于核心素养的教育改革逐渐引起全球关注，培养公民的21世纪核心素养也成为各个国家的教育共同的追求。核心素养强调以学生为主体，始终立足于学生成长和发展的需要。对于"在人工智能时代，教育到底要培养什么样的人"这个问题，或许我们可以从核心素养中找到答案。

1997年，经济合作与发展组织（Organization for Economic Co-operation and Development，OECD）启动了"素养的界定与遴选：理论和概念基础"（Definition and Selection of Competencies：Theoretical and Conceptual Foundations，DeSeCo）项目，揭开了以21世纪核心素养为导向的国际教育研究和改革的序幕。为应对时代变化，满足未来发展的多项需要，一些国际组织和国家（地区），如欧洲联盟（European Union，简称欧盟）、美国、芬兰等，也纷纷开展了基于核心素养的研究。自2016年我国发布《中国学生发展核心素养》研究成果以来，核心素养也开始风靡我国教育界，频频见诸理论研究和中小学教学研讨中。下面，我们将介绍几个有代表性的国际组织和国家（地区）的核心素养框架，以深入理解教育应该培养什么样的学生。

人工智能时代，人类社会的大多数重复性劳动都将被机器替代，也将会出现许多新兴职业，因此"为未知而教，为未来而学"也成为教育面临的重大挑战。核心素养的最大价值正体现在能为教育培育不被未来社会所淘汰的人才。（陈明选 等，2020）

OECD：积极回应时代的挑战

1997年，OECD启动了DeSeCo项目，旨在建立一个核心素养的总体框架。经多方研讨和论证，DeSoCo项目组将核心素养分为互动地使用工具、在异质群体中互动和自主行动三类（见图5-1）。"互动地使用工具"要求个体在熟悉工具本身的同时，理解工具所带来的个体与环境互动

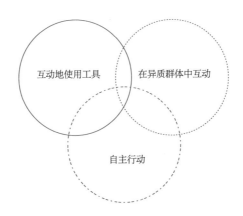

图5-1 OECD所确立的核心素养

（注：此图改编自OECD 2005年发布的《素养的界定与遴选（总结报告）》［The Definition and Selection of Key Competencies（Executive Summary）］）

方式的变化；"在异质群体中互动"关注个体与他人的关系，要求个体与他人共同学习、生活和工作；"自主行动"要求个体建立完整的自我概念以及将自身需要和愿望转化为有目的的行动的能力（杨惠雯，2018）。这三个类别虽关注不同方面，但彼此间相互联系，共同构成核心素养。

OECD强调"互动地使用工具"，正是对现代社会个体的"能力基础"正在发生变化的直接回应。在工业时代，工具仅能提高人的动手操作能力，劳动者只要具备操作工具的能力便可参加生产劳动。如今情况大不相同，多种多样的高科技工具既可以提高人的动手操作能力，也可以提升人包括认知能力在内的其他能力。为了更好地发挥工具的作用，劳动者必须更新甚至变革工具意识，改变自己与工具的关系，从单纯地利用工具转变为人与工具互动。这种互动离不开非认知要素的积极参与，有了非认知要素的参与，人与工具才能有效开展互动。人与工具的有效互动反过来又可以提高劳动者的认知能力和创造能力。在信息时代，上述理念或许可以为我们辩证地看待教育机器人与人的关系提供思路。

2018年4月5日，OECD发布了《未来的教育与技能：教育2030》（The Future of Education and Skills-Education 2030）的报告，介绍了与本报告同名的研究项目自2015年启动以来所取得的成果，描述了成果之一——《OECD学习框架2030》。《OECD学习框架2030》旨在重新审视新时代背景下个人与社会发展的需求以及面临的挑战，主要解决两个关键问题：一是今天的学生需要何种知识、技能、态度和价值观，才能茁壮成长并塑造自己的世界？②教学系统如何有效地传授这些知识、技能、态度和价值观？根据对 2030 年的社会发展情况的预测，OECD 确定了三类能力，即新兴的跨领域素养，也可以称为面向 2030 年的素养，即创造新价值、承担责任以及破解难题。

欧盟：关注终身学习

21 世纪初，欧盟为应对全球化浪潮和知识经济的挑战，在教育与培训领域大力推行终身学习战略，提出以"核心素养"取代传统的以读、写、算为核心的基本能力，并作为总体教育目标与教育政策的参照框架（刘新阳 等，2014）。

2018年5月22日，在对《欧洲终身学习核心素养建议框架2006》（Recommendation of the European Parliament and the Council of 18 December 2006 on Key Competences for Lifelong Learning 2006）进行修订的基础上，欧盟出台了《欧洲终身学习核心素养框架建议 2018》（Council Recommendation of 22 May 2018 on Key Competences for Lifelong Learning，简称 2018框架），对核心素养的表述进行了新的修订，包含读写素养，多语言素养，数学素养，科学、技术、工程素养，数字素养，个人、社会和学会学习素养，公民素养，创新创业素养，文化意识和表达素养（常飒飒 等，2019）。

美国：关注 21 世纪职场需要

2002 年，美国正式启动了 21 世纪核心技能研究项目。创建了 21 世纪技能联盟（Partnership for 21st Century Skills，简称 P21），旨在探寻可以让学生在 21 世纪获得成功的关键技能。美国 P21 所确立的核心技能、与之配套的课程以及支持系统之间的关系可借助彩虹的形状（见图 5-2）来理解。彩虹外环呈现的是学生的学习结果，即核心素养，由"学习与创新素养"（包含创造力与创新、批判性思维与问题解决、交流沟通与合作）、"信息、媒体与技术素养"（包含信息素养、媒介素养、信息与通信技术素养）和"生活与职业素养"（包含灵活性与适应性、主动性与自我导向、社会与跨文化素养、效率与责任、领导力与责任心）三个方面组成；每一项核心素养的落实都依赖于基于素养的核心科目与 21 世纪主题的学习，即彩虹的内环部分；底座部分呈现的是四个支持系统，包括 21 世纪核心素养

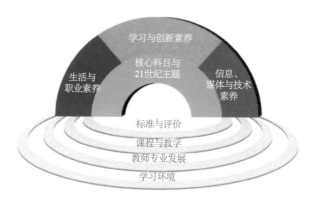

图 5-2　美国 P21 提出的 21 世纪学习框架

（注：此图是在 P21 所绘制的图的基础上改编而来）

的标准与评价、课程与教学、教师专业发展以及学习环境，它们构成了支持 21 世纪核心素养的基础。

芬兰：关注跨学科教学

进入 21 世纪以来，芬兰基础教育质量取得了举世瞩目的成就，其教育政策和课程改革也因此吸引了各国教育者的广泛关注。在 2014 年芬兰颁布的《基础教育国家核心课程》(National Core Curriculum for Basic Education) 中，第一次出现了"核心素养"(transversal competence)。芬兰的核心素养框架十分强调学科交叉，倡导跨学科学习，认为未来人才需要具备以下七大方面的核心素养："思维和学会学习""文化素养、交往和自我表达""照顾自己和日常生活管理""多模态识读""信息与通信技术素养""就业和创业素养""社会参与和构建可持续未来"等。通过将核心素养的界定与课程的制定紧密结合，芬兰在教育目标、核心素养以及具体的学科目标之间建立了较好的联系。

中国：培养全面发展的人

2014 年，《关于全面深化课程改革落实立德树人根本任务的意见》提出，"教育部将组织研究提出各学段学生发展核心素养体系，明确学生应具备的适应终身发展和社会发展需要的必备品格和关键能力"。国家核心素养课题组历经 3 年研究，经教育部基础教育课程教材专家工作委员会审议，于 2016 年 9 月正式发布了《中国学生发展核心素养》这一研究成果。中国学生发展核心素养以"培养全面发展的人"为核心，以科学性、时代性和民族性为基本准绳，分为文化基础、自主发展、社会参与三个方面，综合表现为人文底蕴与科学精神、学会学习与健康生活、责任担当与实践创新六大素养（见图5-3）。各素养之间相互联系、相互补充、相互促进，在不同情境中整体发挥作用。

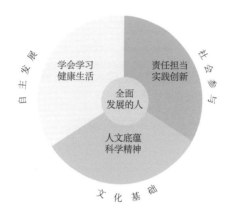

图5-3 中国学生发展核心素养

通过前面对不同国际组织和国家近年所提出的核心素养框架的了解，我们看到不同的核心素养框架各具特色。2015年，北京师范大学中国教育创新研究院受世界教育创新峰会（World Innovation Summit for Education）的委托，对全球21世纪核心素养教育实施经验进行梳理和总结，通过对5个国际组织和24个国家（地区）的文献进行研究，形成了《面向未来：21世纪核心素养教育的全球经验》研究报告。该报告通过分析并综合29个核心素养框架，得出两个维度共18项核心素养（见表5-1）。在18项核心素养条目中，有9项与某个特定领域密切相关，称为领域素养，包括基础领域素养（6项）和新兴领域素养（3

项）；另外 9 项超越特定领域的素养称为通用素养，它们分别指向高阶认知（3 项）、个人成长（2 项）与社会性发展（4 项）。通过比较分析发现，其中的沟通与合作、信息素养、创造性与问题解决、自我认识与自我调控、批判性思维、学会学习与终身学习、公民责任与社会参与等是得到高度重视的七大素养。

表 5-1　全球核心素养框架所关注的核心素养

维度	核心素养
领域素养	• 基础领域素养：语言素养、数学素养、科技素养、人文与社会素养、艺术素养、运动与健康素养 • 新兴领域素养：信息素养、环境素养、财商素养
通用素养	• 高阶认知：批判性思维、创造性与问题解决、学会学习与终身学习 • 个人成长：自我认识与自我调控、人生规划与幸福生活 • 社会性发展：沟通与合作、领导力、跨文化与国际理解、公民责任与社会参与

此外，北京师范大学中国教育创新研究院与美国 P21 开展合作，在后者提出的 21 世纪核心素养 4C 模型（审辨思维、创新、沟通、合作）的基础上，新增文化理解与传承素养，构成了包含 5 个一级维度、16 个二级维度的核心素养框架（见表 5-2）。

表 5-2　北京师范大学中国教育创新研究院提出的五项素养

素养	要素
文化理解与传承素养	文化理解、文化认同、文化践行
审辨思维	质疑批判、分析论证、综合生成、反思评估
创新素养	创新人格、创新思维、创新实践
沟通素养	同理心、深度理解、有效表达
合作素养	愿景认同、责任分担、协商共进

人工智能时代，教师如何迎接教育机器人？

除了将机器人技术纳入课程之外，机器人还具有以服务能力影响课堂、促进学生学习或充当教师助手的潜力。那么，在教育机器人的支持下，教师应当如何提升自己以适应时代变化？彼时教师的角色与功能是什么？这些是本部分探讨的问题。

在人工智能时代，每位教师都应该自问："今天，我正在为中国培养面向未来的创新型人才，他们将面临与人工智能协同生存的新考验。未来社会要求学生具备的思维、拥有的能力，我具备了吗？"2018年1月，中共中央、国务院印发了《关于全面深化新时代教师队伍建设改革的意见》，要求教师主动适应信息化、人工智能等新技术变革，积极有效开展教育教学。在人工智能时代，教师的专业成长，远不止这一点。

在上一部分，我们看到不同的国际组织和国家对未来教育要培养什么样的人才形成了基本判断。教师的定位自然也要与此保持一致。如果教师期待学生具有交流的能力，那么不同学科不同年级的教师能否形成在教研组内定期交流的长效机制？如果教师期待学生具备批判性思维和问题解决能力，那么教师能否在日常教学中进行批判性思考并提出创造性的问题解决方案？如果教师期待学生具备终身学习的意识与能力，那么教师是否已经具有终身学习的计划并付诸实践？

我们总是期望学生具备这样那样的能力，能够按照我们期望的方式提升自身的能力。既然教师要培养学生具备这样那样的能力，那么教师就没有理由不率先努力。在人工智能时代，教师的专业成长之路与学生成长之路相似。

形成成长型思维

斯坦福大学心理学家卡罗尔·德韦克（Carol Dweck）发现，人们获得成功不仅是由能力和天赋决定的，更受人们在追求目标的过程中所运用的思维方式的影响。他提出了心智模式的概念，并将其分为两种类型：固定型心智（fixed mindset）模式和成长型心智（growth mindset）模式（Dweck，2006）[48]。所谓成长型思维是指，人们相信通过努力，智力、才能可以不断提高。具有成长型思维的人不畏惧失败，乐于接受挑战，视挑战为成长机会而不刻意回避或轻言放弃，视反馈为改进机会而非针对自己的偏见，视失败为宝贵经验而不怪罪他人或气馁不已。具备成长型思维的学习者更加关注学习本身，将困难看作促进自身成长的一种方式。教师若想帮助学生从固定型思维转变为成长型思维，就需要先审视自己的思维方式。

拥抱不同角色

机器人可以在学生学习过程中扮演许多不同的角色以参与学习任务，这不仅取决于教学内容、学生类型、学习活动，还与教师息息相关。那么机器人在教育中可以扮演哪些角色呢？第一，机器人可以作为学习工具或教具。这种角色常见于机器人教育中，学生利用机器人套件组装各种各样的机器人并进行编程。第二，机器人可以作为合作者、同伴，促进学生更积极地参与学习活动。第三，机器人可以扮演导师的角色，对学生进行指导、监督。第四，机器人可以扮演学生，由学生扮演教师，学生对机器人开展教学也是一种学习方式。

展望未来，若想让机器人完全融入学校教育，就需要得到多方支持，其中很重要的一点就是得到教师的支持。我们并不打算让教育机器人取代教师，而是强调机器人能够以一种更具吸引力和有教育意义的形式为课堂带来附加值。因此，教师需要转变观念：教育机器人不是用来取代他们的，而是成为他们的教学辅助工具，以丰富学生的学习体验，提高教学质量和效率。

未来，在人工智能技术的支持下，教师的角色也将发生较大转变，但不可否认，教师的育人角色将变得越来越重要。传统教育压抑了学生的个性，未来，面对人工智能技术的帮助，教师应致力于转变教育方式，解放学生个性，让每个学生都可以发挥潜力。（赵勇，2017）未来，教师可以着眼于核心素养的培养，不再做传统意义上的知识灌输者，而是成为学生的人生导师，让学生生成智慧，帮助学生成才（余胜泉，2018）。

教育机器人漫话

技术日新月异的发展给教育机器人带来了机遇。目前教育机器人的发展尚不能满足所有人个性化的需求，但这不会阻挡不同人群对教育机器人的憧憬和向往。在本书的结尾，编委会邀请了学生、教师和家长代表说一说他们对教育机器人的看法。学生、家长和教师作为教育机器人的利益相关者，他们的需求和想法或许可以为教育机器人研发人员提供设计的灵感和动力。

学生作文

"博雅号"教学机器人进校园

随着科技的高速发展，机器人进入了我们的日常生活，扫地机器人、服务机器人无不彰显着科技给生活带来的便捷。未来，"博雅号"教学机器人也将进入校园，以下是我畅想的相关场景。

伴随着清脆悦耳的上课铃声，同学们在"博雅号"教学机器人的带领下，一起来到阅览室上阅读课。"博雅号"教学机器人先是站在阅览室门前，通过它的智能扫描仪检测学生们的学习成果，并生成详细的分析报告，之后根据分析报告在阅览室中找到有助于学生们发挥才能的书。

从阅览室出来后，"博雅号"教学机器人便变身为教师的小助手。它可以在短短 5 分钟内批改完 40 位学生的作业，并发送作业报告给任课教师。这样，任课教师就有更多的时间备课教学啦！

下课后，"博雅号"教学机器人就一边在教学楼里看护着学生们的安全，一边"吞食"着地上的垃圾，将它们变废为宝。

在日常的学习生活中，学生们难免会有各种问题，"博雅号"教学机器人便引导学生们思考和探索，看到闷闷不乐的学生，它还会主动上前"搭讪"……

教学机器人与我们的学习生活息息相关，它让我们更加"博"学，让我们的校园生活充满"雅"趣！

谭茹一（六年级学生）

理想中的智能家教机器人

作为一名小学生，学习是非常重要的事情。我希望拥有一台智能家教机器人，它能够像爸爸妈妈和老师一样，指导我学习，帮助我完成作业。

首先，我希望它可以解答我不会的问题。当我向它提出问题时，智能家教机器人能够听懂我说的话，并且准确地回答我提出的问题，解答我的疑惑。当我有不会的题目时，我可以将题目对准它的"眼睛"，经过短暂的思考后，它就可以为我解答。这样，爸爸妈妈就不会再为我的学习担心了。

其次，我希望它可以帮助我养成良好的学习习惯。当我懒惰时，它会提醒我打起精神学习；当我坐姿不正确时，它能够及时提醒我端坐在书桌前；当我需要休息时，它也可以放一些睡前故事给我听，让我拥有一个美妙的梦境。

最后，我希望它可以陪我聊天。如果哪一天我的心情不好，我可以找它倾诉，它能够像大哥哥或者大姐姐一样和我谈心，安抚我的情绪。这样，我每天都可以开开心心的，将精力都放在学习上。

我真心希望这样的智能家教机器人可以快点出现在我的世界中，这样我不仅可以多一位循循善诱的老师，也可以多一位知心的朋友。

安宥炫（三年级学生）

理想中的音乐机器人

坐在乐团教室的座位上，看着一页页五线谱，我的头开始胀痛起来。这些"小蝌蚪"，时而紧紧抱在一起，亲密无间；时而赌气分开，互不理睬；时而荡起秋千，飞到五线上方；时而又像顽童，躲到五线之下。我一边数着间和线，一边分辨它们的音，好不痛苦。唉，"小蝌蚪"们，想说爱你们不容易！

看累了，我抬头望着雪白的天花板发呆，忽然之间，脑海闪过一个念头：如果有会识谱唱谱的音乐机器人，该多好！它有一张可爱的脸，鼻子是开关，只要轻轻一按它的鼻子，它的大嘴巴就会张开。我把写有五线谱的纸放进它嘴里，它的肚子随即自上而下闪过一道亮光，扫描工作完成后，它的肚脐眼处就打开一条窄缝，谱子就被送了出来。我把五线谱放在它双手上，它的双眼就立即眯成一条缝，有板有眼地开始唱谱。唱完谱，我心里基本就有数了。接着，我又按了一下它的鼻子，这次，它机智地将谱子转成乐曲，开始播放。听了一遍后，我明白了不少，看着谱子吹奏起来。一曲结束，这台音乐机器人说话了："主人，您刚才有 5 个音吹错了，分别是……"

想象着这些，我乐在其中。突然，"卟——"后排乐手的一个破音，把我吓了一跳。我回过神，心里偷乐着——原来大家都是半斤八两。要是有台音乐机器人，我们就不至于被"小蝌蚪"们弄得这样狼狈了。

赵如钰（六年级学生）

"智慧时光"机器人

假如让我想象一款机器人，我首先想到的就是拥有一种可以穿越时空的"智慧时光"机器人。

作为一名"语文学习困难户"，我做梦都想让语文学习变得既有趣又易懂，而这款机器人就有一项特别的功能——借助它，我只要戴上眼镜，阅读语文课本中有故事情节的文章，便可以身临其境，领会课文中所描述的人和景，甚至还能成为课文中的人物，拥有与他们相同的思想，处于真实的情境中，做与他们同样的事，完成与他们同样的使命。例如，在学习《狼牙山五壮士》这篇课文时，借助这款机器人，戴上眼镜后我就能站在狼牙山顶和五壮士一起英勇抗日。在我学习文言文时，"智慧时光"机器人能让我身处历史上一幕幕著名的场景，与文人墨客一起青梅煮酒，体验写诗时的斟酌与推敲。这样，我不理解古人的心境都难啊！

这款机器人不仅能帮我学习语文，还能帮助我学习其他学科。在学习数学时，借助这款机器人，我戴上特殊的眼镜后，就能回到数学大咖们所处的时代，聆听芝诺讲述阿喀琉斯与乌龟的悖论，目睹欧拉改羊圈，观看牛顿与莱布尼茨为了微积分而吵得不可开交……这样一来，我便更能体会伟大的数学家突破人类的想象力，创造新知识的历程。此外，就我喜欢的地理学科来说，这款机器人还能带我去测量珠穆朗玛峰的高度，探索喀斯特地貌，甚至钻入火山口之中，观察灼热的岩浆……

借助这款机器人，我想没有什么不可以体验、没有什么不可以探究，学习变得和游戏一样有趣，我和其他同学也不会再惦记打游戏了，因为在知识海洋里有更多的东西值得我们去探索、思考。我们在"玩"中学，在学中"玩"，在"玩"的同时思考问题，在学的同时获得快乐，寻找人生目标。

（中学生：杨一舟）

教师作文

教育机器人与英语教学

随着信息技术的发展，学习工具的智能化程度越来越高，很多人工智能技术开始为学生的英语学习提供支持。目前，一些教育机器人可以帮助学生自主提升英语水平，进而在某种程度上简化英语教师的教学工作。

从整体上看，教育机器人已经在学生英语发音、语法学习和阅读理解等模块展现出不俗的优势。首先，部分英语教学机器人可以帮助学生锻炼口语，纠正其发音问题；其次，很多教育机器人已经基本具备进行英语教学的功能，其中最重要的一项功能是传授英语语法知识；最后，很多教育机器人可以测评学生的阅读理解能力，并通过对学生阅读情况的综合研判，得出学生阅读理解方面的薄弱项。

为了使教育机器人能在英语教学中发挥更大的辅助作用，以下几个问题需要深度思考。首先是准确性问题。人机无障碍对话是锻炼学生英语口语能力的重要途径，这也对教育机器人有效判断学生英语发音情况提出了较高要求。例如，学生发音不标准等问题会影响教育机器人语音识别的准确性。因此，在后续教育机器人的优化中应该重点考虑准确性。其次是教育机器人教学内容适切性问题。目前全国中学英语教材有多个版本，不同版本的英语教材的体量和教学策略各有不同。为了满足不同地区英语教师的实际需求，教育机器人在教学内容上应该做到适切。最后一个问题是普惠性。教育机器人目前仍属于中高端产品，其价格很多学生家长无法接受。如何使不同收入水平的家庭都能用得起教育机器人，成为目前英语教学智能化领域的一项重要课题。

总之，我认为教育机器人可以为英语教学带来重要帮助。但由于教育机器人尚存在诸多局限，其在英语教学中的应用还有很长的路要走。作为英语教师，我非常期待教育机器人可以提升我的英语教学水平和学生的英语学习效率。

张丽（英语教师）

家长作文

教育机器人之我思

信息技术已经深深融入了家庭生活，孩子的教育当然也不例外。网络直播授课、平板电脑、各种辅助学习的 APP 充斥着孩子和成人的生活。教育机器人作为一种新型产品，其价格和功能导致包括我在内的很多家长都不敢做"第一个吃螃蟹"的人。作为家长，我们对这个产品既有憧憬，也有疑虑。

第一，我想说说我对教育机器人的憧憬。之前和很多学生家长讨论发现，我们陪孩子的时间越来越少，孩子不少生活和学习习惯都在一点点地变差，比如孩子坐姿不正、学习时注意力不集中。这些我们这些家长看在眼里，很着急，但解决起来又有难度：管得少，我们作为家长感到焦虑；管得多，孩子烦躁。如果可以有这样一款规范学生学习习惯的教育机器人，相信家长都会很开心。我希望它可以认真观察、识别孩子的各种学习行为，从而判断孩子的表现是否良好。当孩子的某些行为习惯出现问题时，教育机器人可以及时提醒并纠正孩子。我相信，小孩子不愿听成人说教，但是肯定愿意听教育机器人的话。同时，孩子的心理问题也日益严重，我也希望教育机器人能具有陪伴和心理辅导的功能。当孩子有一些心里话或者小秘密不方便向成人说时，教育机器人可以作为倾听者，帮助孩子解开心中的小疙瘩。

第二，我想说说我对教育机器人的疑虑。教育机器人的功能可谓越来越多，但安全问题也随之而来。当我

们在家里使用教育机器人时，势必会涉及很多隐私。这些隐私的保护问题是家长最担心的一个问题。同时，教育机器人归根结底是电子产品，其蕴含的智慧始终无法和人的头脑相比。更为重要的是，教育机器人缺少人类所具有的情感。如果真的将它们应用到孩子的生活中，是否会使孩子们逐步变成缺少情感的"机器人"？这也是我很重要的一点疑虑。

我对教育机器人在家庭教育中的运用始终抱着中立的态度，只要是好产品，我都会尝试。我认为教育机器人在家庭教育中的大规模普及仍然有很长的路要走，这不仅意味着教育机器人技术要不断成熟，也意味着教育机器人要在多个方面取得家长群体的信任。

于芳（学生家长）

参考文献

HELLOWORLDROOM，2017. 敲黑板！机器人将加入今年高考 [EB/OL].[2021-03-16]. https：//www.sohu.com/a/146682354_99902636.

常飒飒，王占仁，2019. 欧盟核心素养发展的新动向及动因：基于对《欧盟终身学习核心素养建议框架2018》的解读 [J]. 比较教育研究（8）：35-43.

成都家长帮，2018. 爱因斯坦 忘掉了在学校学到的所有东西，剩下来的就是教育 [EB/OL]. [2021-04-08]. https：//www.sohu.com/a/222676350_775574.

陈明选，来智玲，2020，智能时代教学范式的转型与重构 [J]. 现代远程教育研究（4）：19-26.

达闼，2019. 机器人4.0白皮云书：云－边－端融合的机器人系统和架构 [EB/OL].[2021-03-16].https：// www.sohu.com/a/323393159_505810.

丁方仪，蔡孟秋，陈曙光，2019. 基于STEAM理论的中学机器人课程教学研究设计 [J]. 中国现代教育装备（16）：50-55.

高博俊，徐晶晶，杜静，等，2020. 教育机器人产品的功能分析框架及其案例研究 [J]. 现代教育技术（1）：18-24.

广东双鹰玩具实业有限公司，2019. 暴龙＆鳄鱼积木 [EB/OL].[2021-09-01]. http：//www.doubleeagle-group.com/cada/view.php?id=149.

国家机器人标准化总体组，2017.中国机器人标准化白皮书（2017）[R/OL].[2021-03-16].https：//max.book118.com/html/2018/1016/8116051052001127.shtm.

何蒨，2017.我们听说过人型机器人，但了解它的未来吗？[EB/OL]. [2021-03-28].http：//news.cyol.com/co/2017-08/30/content_16449907.htm.

黄捷，丛敏，2013.教育机器人的界定及其关键技术研究 [J].中学理科园地（6）：56-58.

黄荣怀，刘德建，徐晶晶，2017.教育机器人的发展现状与趋势 [J].现代教育技术（1）：13-20.

科技动态，2020.全球孤独症康复工具大盘点，北大医疗脑健康嗨小保登榜 [EB/OL].[2021-09-02].https：//new.qq.com/rain/a/20200624A0AHX800.

课外大师，2017.未来10年，哪些职业将被机器人取代 BBC 分析365种职业的"被淘汰概率"[EB/OL].[2021-03-16]. https：//www.sohu.com/a/203027197_430917.

李然，2015.世界最古老机器人－曾被认定为"巫术"[EB/OL].[2021-03-16]. https：//www.sohu.com/a/32543769_162758.

李一鸣，2017.机器人避障的原理及分析 [J].电子技术与软件工程（3）：120-121.

刘新阳，裴新宁，2014.教育变革期的政策机遇与挑战：欧盟"核心素养"的实施与评价 [J].全球教育展望（4）：75-85.

卢宇，薛天琪，陈鹏鹤，等，2020.智能教育机器人系统构建及关键技术：以"智慧学伴"机器人为例 [J].开放教育研究（2）：83-91.

钱志鸿，列丹，2012.蓝牙技术数据传输综述 [J].通信学报（4）：143-151.

阮一峰，2016.世界第一个机器人 [EB/OL]. [2021-03-16]. http：//www.

ruanyifeng.com/blog/2016/01/first-robot.html.

师云雷，2019. 第九章：da Vinci 手术机器人（发展历程）[EB/OL]. [2021-03-16]. https：//zhuanlan.zhihu.com/p/27026456.

守望新课程，2017. 机器人带着课程进入小学长期帮助自闭儿童 [EB/OL].(2017-12-15) [2021-03-16]. https：//www.sohu.com/a/210704102_161261.

钛媒体 APP，2019. 简析语音识别技术的工作原理 [EB/OL].[2021-03-28]. http：//m.elecfans.com/article/1141385.html.

天涯客 SEO，2017. 带你走进教育机器人教学的发展历史 [EB/OL]. [2021-03-28]. http：//blog.sina.com.cn/s/blog_be6a7a690102xepm.html.

王慧春，2012. 基于"创意之星"的教育机器人的设计及研究 [D]. 长春：东北师范大学，2012.

王同聚，2015. "微课导学"教学模式构建与实践：以中小学机器人教学为例 [J]. 中国电化教育（2）：112-117.

王益，张剑平，2007. 美国机器人教育的特点及其启示 [J]. 现代教育技术（11）：108-112.

央视新闻，2017. 会撒娇会卖萌 陪伴型机器人还能与老人情感"交流"[EB/OL]. [2021-03-16].https：//www.sohu.com/a/201018678_115004.

杨惠雯，2018. OECD 核心素养框架的理论基础 [J]. 外国中小学教育（11）：20-27，19.

杨建磊，2013. 国外机器人教育的发展及启示 [J]. 艺术科技（6）：296.

佚名，2017. 高端教育引领创新生态圈 [EB/OL].[2021-09-02]. http：//paper.ce.cn/jjrb/html/2017-09/26/content_345041.htm.

余胜泉，2018. 人工智能教师的未来角色 [J]. 开放教育研究（1）：16-28.

张家怡，2010. 图像识别的技术现状和发展趋势 [J]. 电脑知识与技术（21）：6045-6046.

张剑平，王益，2006. 机器人教育：现状、问题与推进策略 [J]. 中国电化教育（12）：65-68.

张昕妍，2016. 我国早期机器人知识的传播与产业政策的发展 [D]. 呼和浩特：内蒙古师范大学.

赵勇，2017. 未来，我们如何做教师？[J]. 中国德育（11）：48-51.

郑艳梅，2016. 机器人的前世今生 [J]. 课堂内外（小学版）（Z2）：4-9.

芝麻粒儿，2017. AR：基本原理实现科普 [EB/OL].[2021-03-28].https：// blog. csdn.net/qq_27489007/article/details/78765810.

直播安徽，2015. 第 19 届机器人世界杯赛在合肥开幕 [EB/OL].[2021-03-16]. https：//www.sohu.com/a/23602994_103935.

钟柏昌，2016. 中小学机器人教育的困境与突围 [J]. 人民教育（12）：52-55.

中国电子学会普及工作委员会，全国青少年电子信息科普创新联盟，2019.2019 中小学机器人教育调研报告 [EB/OL].[2021-03-16].http://www.kpcb.org.cn/h-nd-343.html.

周进，安涛，韩雪婧，2018. 国际机器人教育研究前沿与热点：基于 Web of Science 文献的可视化分析 [J]. 开放教育研究（4）：43-52.

朱淼良，姚远，蒋云良，2004. 增强现实综述 [J]. 中国图象图形学报（7）：3-10.

佐藤成美，2012. 从活动玩偶看日本人与机器人的关系 [EB/OL]. [2021-03-16].

https：//www.nippon.com/cn/views/b00907.

ALEMI M，MEGHDARI A，GHAZISAEDY M，2015. The impact of social robotics on L2 learners' anxiety and attitude in English vocabulary acquisition[J]. International Journal of Social Robotics，7（4）：523-535.

ALLEN K，2015. Technology has created more jobs than it has destroyed，says 140 years of data [EB/OL]. [2021-03-28]. https：//www.theguardian.com/business/2015/aug/17/technology-created-more-jobs-thandestroyed-140-years-data-census.

CHENG Y W，SUN P-C，CHEN N-S，2018. The essential applications of educational robot：requirement analysis from the perspectives of experts researchers and instructors[J]. Computers & Education（126）：399-416.

CLAIR K H，TEWARI K S，2020. Robotic surgery for gynecologic cancers：indications，techniques and controversies[J]. Obstetrics and Gynaecology Research，46 (6)：828-843.

CROMPTON H，GREGORY K，BURKE D，2018. Humanoid robots supporting children's learning in an early childhood setting[J]. British Journal of Educational Technology，49（5）：911-927.

DAMIANI P，ASCIONE A，2017. Body，movement and educational robotics for students with special educational needs[J].Italian Journal of Educational Research（18）：43-58.

DRIGAS A S，IOANNIDOU R-E，2012. Artificial intelligence in special education：a decade review[J]. International Journal of Engineering Education，28（6）：1366-1372.

DWECK C，2006. Mindset：the new psychology of success[M]. New York：Random House.

HANSON ROBOTICS, 2016. Sophia[EB/OL].(2019-11-01)[2021-09-01].http：//hansonrobotics.wpengine.com/sophia/.

LEITE I, PEREIRA A,CASTELLANO G, et al,2011. Modelling empathy in social robotic companions[M]// ARDISSONO L, KUFLIK T. Lecture notes in computer science：vol 7138：advances in user modeling.Berlin, Heidelberg:Springer.

JONES A, CASTELLANO G, 2018.Adaptive robotic tutors that support self-regulated learning：a longer-term investigation with primary school children[J]. International Journal of Social Robotics, 10（3）：357-370.

NASA SCIENCE, 2020. Mars 2020 mission perseverance rover[EB/OL].[2021-03-16]. https：//mars.nasa.gov/mars2020/.

NOURBAKHSH I R, CROWLEY K, BHAVE A, et al., 2005.The robotic autonomy mobile robots course：robot design, curriculum design and educational assessment[J].Autonomous Robots, 18（1）：103-127.

PEDRÓ F, SUBOSA M, RIVAS A, et al., 2019. Artificial intelligence in education：challenges and opportunities for sustainable development[R].Paris：UNESCO.

RISKIN J, 2016. Frolicsome engines：the long prehistory of artificial intelligence [EB/OL].[2021-09-01]. https：//publicdomainreview.org/essay/frolicsome-engines-the-long-prehistory-of-artificial-intelligence.

ROBINSON M, 2005. Robotics-driven activities：can they improve middle school science learning? [J].Bulletin of Science, Technology & Society, 25（1）：73-84.

ROBOTIC INDUSTRIES ASSOCIATION, 2017. UNIMATE：the first industrial robot[EB/OL].[2021-03-16].https：//www.robotics.org/joseph-engelberger/unimate.cfm.

ROGERS C, PORTSMORE M, 2004. Bringing engineering to elementary school[J].Journal of STEM Education: Innovation and Research, 5 (3&4): 17–28.

SANTOS F R, NOTARGIACOMO P, 2018.Intelligent educational assistant based on multiagent system and context-aware computing [J].International Journal of Advanced Computer Science and Applications, 9 (4): 236–243.

SCHOMBERG A, 2015. The water clock : a case study in the origin of time measurement [EB/OL].[2021–09–01]. https: //www.topoi.org/project/a-3-8/.

THILL S, POP C A, BELPAEME T, et al., 2012. Robot-assisted therapy for autism spectrum disorders with (partially) autonomous control : challenges and outlook [J].Journal of Behavioural Robotics, 3 (4): 209–217.